30 min
课后半小时

中国中小学生
人文·社会·科学

通识教育课

生活里的大学问

生活百科·财商教育

王淳莹　郑元吉◎编著

山东教育出版社
·济南·

图书在版编目（CIP）数据

生活里的大学问 / 王淳莹，郑元吉编著． -- 济南：
山东教育出版社，2024.11.（2025.2重印）--（中国中小
学生通识教育课）． -- ISBN 978-7-5701-3338-3

Ⅰ．TS976.3-49

中国国家版本馆 CIP 数据核字第 20243RN635 号

SHENGHUO LI DE DA XUEWEN

生活里的大学问   王淳莹 郑元吉 / 编著

主管单位：山东出版传媒股份有限公司

出版发行：山东教育出版社

       地址：济南市市中区二环南路 2066 号 4 区 1 号   邮编：250003

       电话：（0531）82092660   网址：www.sjs.com.cn

印　　刷：济南新先锋彩印有限公司

版　　次：2024 年 11 月第 1 版

印　　次：2025 年 2 月第 2 次印刷

开　　本：787 毫米 × 1092 毫米　1/16

印　　张：6

字　　数：123 千字

定　　价：49.00 元

（如印装质量有问题，请与印刷厂联系调换）印厂电话：0531-88618298

序 言

新课程改革给教育带来了极大的变化，其中最大的变化就是强调培养德智体美劳全面发展的人。过去，我们的学校教育偏重应试教育，导致素质教育不能得到真正落实。为了改变这一局面，新课标增加了通识教育的内容。

通识教育是教育的一种，它的目标是在现代多元化的社会中，为受教育者提供跨越不同群体的通用知识和价值观。随着人类对世界的认识日益深入，知识分类也变得越来越细。人们曾以为掌握了专业的知识，就能将这一专业的事情做好。后来才发现，光有专业知识并不一定能在相关领域有所创造。一个人的创造力必须是全面发展的结果。我国古代的思想家很早就认识到通识教育的重要性。古人认为，做学问应"博学之，审问之，慎思之，明辨之，笃行之"，并且认为如果博学多识，就有可能达到融会贯通、出神入化的境界。如今，开展通识教育已经成为全世界教育工作者的共识。通识教育让我们的学校真正成为育人的园地，培养德智体美劳全面发展的人。

家长们也许要问，什么样的知识才具有通识意义？这正是通识教育关注的焦点问题。当今世界风云变幻，知识也在不断更新，这就需要更多的专业人员站在人类文明持续发展的高度，从有益于开发心智的角度出发，在浩瀚的知识海洋中认真筛选，为学生们编写出合适的书籍。

　　目前，市面上适合中小学生阅读的通识教育类的书籍并不多见，而这套《中国中小学生通识教育课》则为学生们提供了一个很好的选择。该系列涵盖人文、社会、科学三大领域，内容广泛，涉及哲学、历史、文学、艺术、传统文化、文物考古、社会学、职业规划、生活常识、财商教育、地理知识、航空航天、动植物学、物理学、化学、科技以及生命科学等多个方面。编写者巧妙地将丰富的知识点提炼为充满吸引力的问题，又以通俗有趣的语言加以解答。我相信，这套丛书会受到中小学生们的喜爱，或许会成为他们书包中的常客，或是枕边的良伴。

贺绍俊

文学评论家

目录 CONTENTS

生活里的大学问

　　你知道吗？我们随手丢弃的塑料袋，竟然需要二三十年乃至上千年才能降解；让人闻之色变的防腐剂，实际上并未像我们担忧的那样危险；一枚鸡蛋如果从 30 层楼的高度坠落足以造成致命伤害；残损废弃的纸币竟然还可以用来发电……生活之中，处处充满学问，许多我们身边的"小事"，都蕴含着令人惊叹的奥秘。

自来水是怎么来到我们家里的？

自来水怎么来到家里的？

这很复杂哟！

水库

自来水厂

混合絮凝 → 沉淀过滤

检测 ← 消毒

自来水的奇妙之旅

当你打开水龙头，清澈的水就会"哗啦啦"地流淌出来。你是否想过，这些从江河湖泊（地表水）抽取而来的原水，是怎么一步步变成可以饮用的自来水的呢？其实，从原水到自来水，要经过混合絮（xù）凝、沉淀过滤、消毒、检测、输送等复杂的工艺流程。

满载杂质的原水如何被"洗白"？

刚从水源地抽取来的原水，不仅内容"丰富"，颜色也是"五彩斑斓"。所以，原水"洗白"的第一步就是净化处理，使用沉淀过滤等方式，除去水中的胶体、悬浮物、有机物等杂质和污染物。经过这一系列流程，原水看上去就纯粹多了！

杀菌消毒处理

除了肉眼可见的泥沙和悬浮物等杂质，原水中还隐藏着危害人体健康的病菌。为了确保安全，还需要采取一系列措施，其中最关键的一步就是向水中通入氯气进行杀菌消毒。至此，脏兮兮的原水就实现了质的飞跃，摇身一变，成了可以饮用的清水。

我来检测下！

这水在进入千家万户前已经检测过了！

加压泵

输送到千家万户

经过处理的清水，在清水池集结后便可以源源不断地输送到千家万户了！

这一过程离不开输水泵（bèng）和城市地下密布的管道网线。而这些用水设备的定期清理和更新极为重要，因为老旧的设备容易产生渗漏和脱落，不仅影响供水系统的正常运行，还可能造成水资源的"二次污染"。

💡 你知道吗？

你知道什么是中水吗？中水即城市污水经适当处理，达到特定水质标准后，可再次循环利用的水资源。它可用于冲厕所、洗车、绿化等，但请注意，中水不能饮用哦！

电是怎么来到我们家里的？

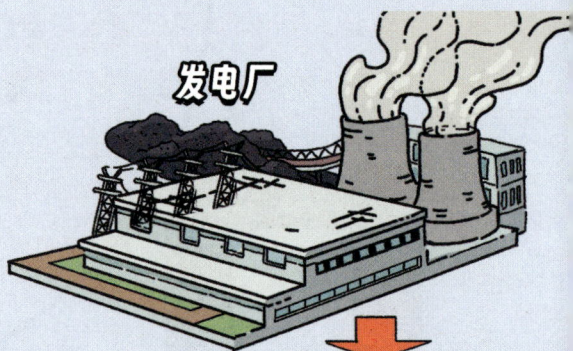
发电厂

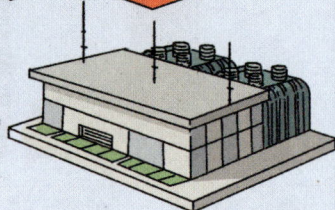
升压变电站

生活离不开电

我的眼睛就可以放电哦！

现代生活已经处处离不开电了，手机、电灯、电视、冰箱、空调等设备都是由电力驱动的。那么，你知道电是如何从发电厂来到我们身边的吗？

高压输电线路

哪些能源可以发电？

我们生活中使用的电主要来自发电厂。发电厂利用各种能源，如煤炭、石油、天然气、水能、风能、太阳能等，通过发电设备将这些能源转换为电能。

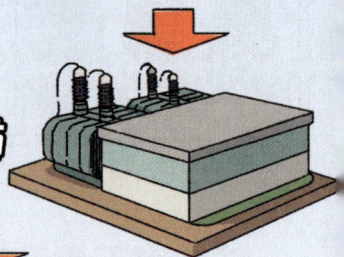
降压变电站

煤炭

石油

天然气

我！我！我！……

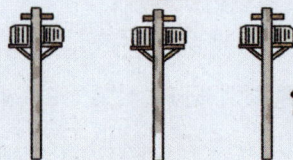
低压配电线路

水能

风能

太阳能

有了我，你们的生活才如此美好！

谁可以转化为电能？

形影不离的输电和变电

发电过程怎么能少了"输电"和"变电"这两个形影不离的好兄弟呢？

电从发电站输送出来后，由变电站升高电压，以便电能通过高压输电线路输送到城市。到达城市后，经由变电站降低电压，电就可以通过电线输送到城市的各个角落啦！

此后，经过逐级降压，电就进入了千家万户。

配电和用电

经过输送，电终于可以大展身手了！

根据普通家庭、工厂和商场等不同场所的用电需求，配电所会进行个性化处理，以220V、380V 等不同电压将电输送至居民区、工业区等不同的地方。

至此，电终于完成了从发电到用电的"万里长征"！

我是陆地奔跑冠军，不信追不上你！

别追了，我每秒快能绕地球8圈了！

课堂小链接

电的传播速度非常快，在真空中大约为每秒 30 万千米，可绕地球赤道约8 圈呢！

为什么要进行垃圾分类？

垃圾分类刻不容缓

当然是为了不生活在垃圾堆里！

只要人类生活在地球上，垃圾的产生便不可避免。

据统计，我国目前人均生活垃圾年产量约为 440 千克！长此以往，生活环境会被严重污染，"垃圾围城"现象也可能会提早出现……

为了解决这一问题，垃圾分类应运而生。通过将垃圾按照不同类别进行分类处理和回收，我们不仅可以节约土地资源，还能有效减少环境污染。更重要的是，垃圾分类可以将原本的废弃物转化为宝贵的资源，实现变废为宝的目的。

减少空气和水资源污染

焚烧是垃圾处理的重要手段之一，但是如果没有合理的垃圾分类，一些有毒垃圾和厨余垃圾等在焚烧过程中，会释放有毒气体，污染空气。同时这些垃圾产生的渗滤液还会渗透到地下，对地下水造成不可逆的污染。

如果将垃圾进行分类，有害垃圾就可以被单独处理，这样可以有效阻止它们污染我们的生活环境。

太臭了！

释放宝贵的土地资源

　　除了焚烧法，土地掩埋是另一种常见的垃圾处理方式。然而，这种处理方式不仅占用了大量的土地资源，而且降解过程十分缓慢。在当今土地资源日益紧张的情况下，有些人还在为居所发愁，垃圾却能高枕无忧地拥有自己的"家"……

　　垃圾细致分类，是根据不同垃圾的特点选择更为合适的处理方式，而不再仅仅依赖土地掩埋。这样一来，就可以释放大量土地资源，为人类和其他生物提供更多的生存空间。

重新利用，变废为宝

　　尽管我们习惯性地将垃圾称为"废物"，但事实上，许多垃圾并非毫无价值。如书报纸、塑料和金属等物质，经过适当的处理和加工，完全可以被再次利用。垃圾分类可以把这些有回收潜力的物品分拣出来，再给它们一次发挥作用的机会！

垃圾分类没那么难

　　你要先认识 4 种垃圾桶：厨余垃圾桶、可回收物垃圾桶、有害垃圾桶和其他垃圾桶。不同的垃圾应该被丢放到不同的垃圾桶中：食物残渣、剩菜剩饭等应该被放入厨余垃圾桶；废纸、废塑料瓶、废金属罐等可以回收利用的物品应该被放入可回收物垃圾桶；废电池、废灯管等有害垃圾应该被放入有害垃圾桶；砖瓦陶瓷、废纸巾、烟蒂等难以归类的垃圾则应该被放入其他垃圾桶。

降解一个塑料袋需要多少年？

也许上千年吧！

这些塑料袋多少年才能降解？

难以降解的塑料袋

你知道降解一个塑料袋需要多长时间吗？目前，科学家对于确切的降解时长也存在争议，答案从二三十年到上千年不等。在此过程中，塑料袋会在阳光、海水和大气的作用下逐渐碎裂，最终变成微小的塑料微粒。这些微粒肉眼难以察觉，却可能进入小动物的体内或滞留在土壤、河海中，造成巨大的危害。

塑料怎样被降解?

光、热、湿度、氧气和微生物等自然因素都有助于塑料的降解。其中,光降解和氧降解是目前较为成熟的降解方式。为了加速塑料的降解,人们通常会在塑料中混入特定的添加剂,这些添加剂有助于塑料在光照或较高温度下加速碎裂。

与日俱增的塑料垃圾

据统计,全球每年生产的塑料超过 4 亿吨,其中的 2/3 会迅速变成废物,使得严峻的塑料污染问题雪上加霜。这样继续下去,会给地球和人类带来巨大灾难!

比银河系恒星还要多的海洋微塑料

海洋塑料污染问题日益严重,已成为全球关注的焦点。据估计,海洋中的微塑料颗粒数量甚至超过了银河系中的恒星数量。如果不采取有效措施,到 2050 年,海洋中的塑料垃圾总重量或许会超过鱼类。

呕!

救救我!

💡 你知道吗?

有科学家指出,地球上的每个人体内都含有一定量的塑料。然而,目前科学家们尚未完全掌握人体内的塑料对健康的具体影响。

为什么钟表按顺时针走？

当人们睡着时，指针会不会偷偷逆时针走呢？

除非地球反着转！

告诉我，现在是什么时辰？

放学的时间！

吃饭的时间！

追着太阳走

你知道吗？最早出现的"时钟"是一种叫日晷（guǐ）的仪器。日晷，最早指的是太阳的影子，后来专指这种计时仪器。它的原理就是追逐太阳！把晷针（表）插在晷面（带刻度的表座）上，随着日出日落，晷针会投下阴影。由于阴影转动的方向是从西向东，所以指针由西向东运动便是顺时针方向！

机械钟的诞生

在日晷出现的几千年后，人们发明了机械钟。这种更为精确、便捷的计时工具，最初就是模仿日晷设计而成的。它不但沿用了日晷上的刻度，也保留了指针的移动方向。

有了我，人们就不用再看太阳投影了！

我就是这么有个性！

人家都是按顺时针方向啊！

逆时针

📖 知识加油站

地球的自转方向决定了大部分物体都是按顺时针方向旋转。但也有例外，如气旋（如飓风）就有可能逆时针旋转，这是因为受到了科里奥利力的影响。

我才不会花10倍的价钱买一样的蔬菜！

有机蔬菜更安全、更营养！

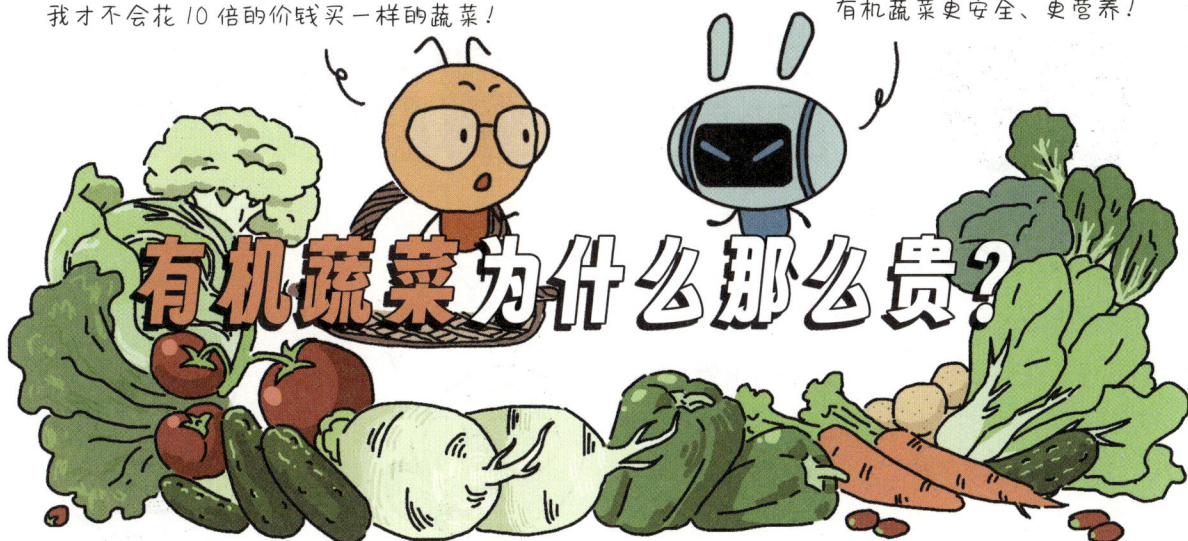

有机蔬菜为什么那么贵？

持有认证码的"天价"白菜

为什么原本在菜市场卖5元一颗的大白菜，可以被卖到50元呢？

因为它是持有机码"上岗"的有机大白菜！

这种有机蔬菜在生长过程中严禁使用农药、化肥、生长激素或转基因技术，所需的时间、人工、损耗以及认证成本都非常高，产量也相对低一些，价格自然比普通蔬菜贵许多。

你更受大众欢迎！

0.5元/斤

5元/斤

如何鉴别有机蔬菜？

与人类一样，有机蔬菜也都有自己的"身份证"！

所有的有机蔬菜都要遵从"一品一码"的规定。

在鉴别有机产品时，除观察包装上的有机产品认证标志、认证机构名称或标识外，有机码也是非常重要的鉴别元素。

为什么有机蔬菜更健康？

有机蔬菜在纯自然条件下生长，不依赖化学肥料、农药和生长调节剂等，也不使用转基因技术。没有这些人为干预，有机蔬菜的生长环境更为天然，营养更丰富，口感也更加纯正。从某种意义上来说，现代农业诞生之前，人们吃的食物基本上都是有机食品。

镜子为什么能照出影像？

反射而成的镜中像

为什么在镜子面前做什么小动作都能被捕捉得一清二楚？这是由于光的反射！

当你站在镜子前时，你的身形就会被光映射在镜面上。镜面再将光反射到你的眼睛里，你就看到了和自己一模一样的影像。

为什么镜子能照出我的样子？

这是因为光的反射。

一山容不得二虎……

镜子为什么照出来左右是反的？

当你对着镜子举起左手，为什么同一时间镜子里的影像却举起了右手？

那是因为人对"左右"的感知是相对的。照镜子的时候，我们会在潜意识里代入镜中人的视角，也就是转了180度的视角。所以我们看到的镜子里的人像，和真实的自己正好是左右相反的。

课堂小链接

哈哈镜是一种特殊的镜子，它通过凹凸不平的镜面扭曲光线，形成夸张荒诞的反射效果。哈哈镜通常由凹面镜和凸面镜组成，凹面镜会让你变得又高又瘦，凸面镜会让你变得又矮又胖。

天啊，原来我这么苗条啊！

有点儿自知之明吧！

无影灯为什么照不出影子？

世界上真的有照不出影子的灯吗？

我们知道影子的产生是由于不透明物体遮挡了直射的光线。那么如果有许多光源从不同角度照射物体，使物体的每个部分都能接收到光照，物体就不会形成明显的影子了，这种能提供许多光源的照明设备就是无影灯。但无影灯也不是真的不会形成任何影子，它只能在一定程度上减弱阴影，使影子看起来不那么明显。

无影灯就是传说中的"无影无踪"？

医生的好搭档

无影灯是医生做手术时的好帮手，它将发光强度较大的灯在灯盘上排列成圆形，合成了一个大面积的发光源，这样既能从不同角度把光照到手术台上，保证医生视野内足够明亮，又不会产生明显的影子，达到"无影"的效果。

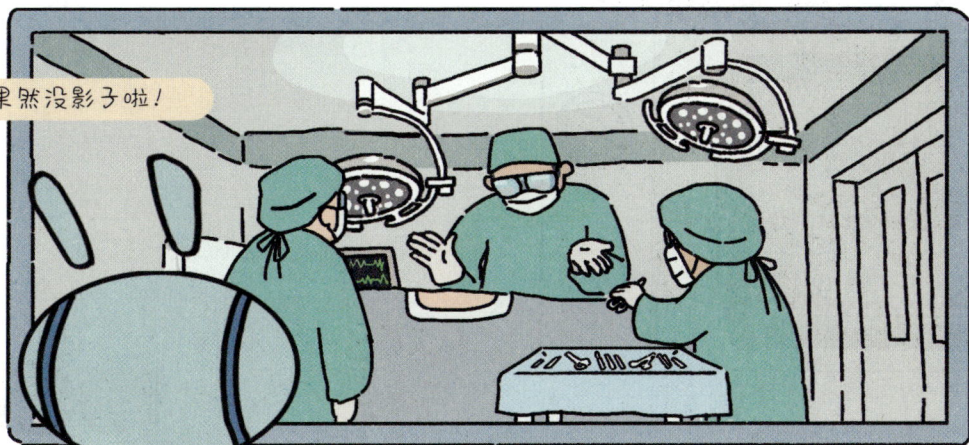

好神奇，果然没影子啦！

📖 知识加油站

为什么日出日落时影子长，而中午影子短呢？日出和日落时，太阳在地平线附近，光线与地面的夹角很小，物体被照射形成的影子就很大，而中午的太阳光线近乎垂直地照射到地面上，形成的影子就很短。

微波炉是怎样加热食物的？

微波炉的加热原理是什么？

　　微波炉是我们生活中经常用来加热食物的一种电器。你知道它是怎么工作的吗？

　　顾名思义，微波炉是利用微波来产生热量的。微波是一种波长很短的电磁波，当它在炉箱内不断运转时，食物中的分子就会在其影响下相互作用，不断碰撞和摩擦，从而产生热量，实现加热的目的。

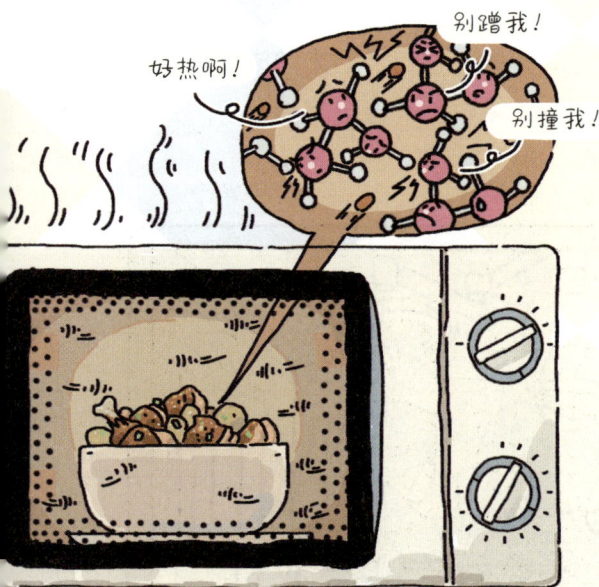

没有火也能加热食物？

当然了，微波很厉害的！

好热啊！

别蹭我！

别撞我！

与微波炉"水火不容"的器皿

　　并不是所有器皿（mǐn）都可以放入微波炉中加热！比如金属器皿，它不但不能让食物达到加热的效果，还有可能产生电火花，甚至造成爆炸；不耐高温的玻璃容器在微波炉中加热也有可能炸裂；有些不耐热的塑料容器放在微波炉中加热也有可能熔化或释放有害物质；纸袋在微波加热过程中可能因温度过高而起火……

　　所以，只有标有"微波炉适用"的容器才可以放入微波炉中加热。

你知道吗？

　　有些食物并不适合放入微波炉中加热，比如蛋类、未开口的坚果、带有肠衣的香肠，以及带皮的葡萄、蓝莓、圣女果等水果，还有盒装或袋装密封的牛奶，这些食物都有可能由于加热过程中内部压力过大而发生炸裂。

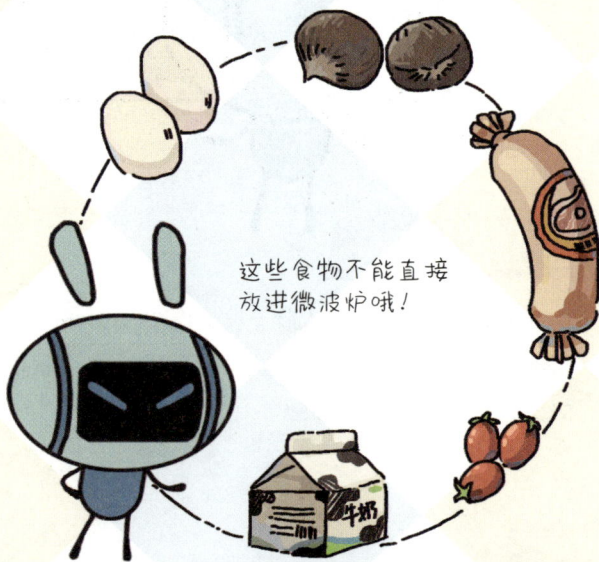

这些食物不能直接放进微波炉哦！

牛奶

"移动热点"为什么能让电子设备上网？

没有 Wi-Fi，手机就像一块板砖！

为什么网络信号时好时坏？

从一个房间到另一个房间没几步的距离，为什么 Wi-Fi 信号就从满格掉到了一格呢？

这主要是因为 Wi-Fi 使用的无线电波频率属于微波范围，这种微波可以轻易穿透石膏、玻璃和木头等常见材料。然而，当遇到金属或水泥等其他材料时，微波信号就会被反射，导致信号强度大幅下降。

你能穿过去算我输！

无线通信的原理是什么？

"Wi-Fi"是移动热点的简称，在现代社会，几乎每个人的生活都与 Wi-Fi 紧密相连。只要连接 Wi-Fi，在一定范围内我们都可以尽情上网"冲浪"。

Wi-Fi 是通过路由器将来自互联网的数据转换为无线电波信号，并以特定频率传播出去的一种无线通信技术。

电子设备如手机、电脑中大都放置了 Wi-Fi 接收器，它们能够接收上面所说的这些信号并转换成数据，使设备连网。

收到没？……收到没？……

知识加油站

随身 Wi-Fi 是可以移动的路由器，信号源是内置的用户识别（SIM）卡。它可以将 SIM 卡的网络转化为 Wi-Fi 信号，让我们随时随地上网"冲浪"。

商品的**条形码**有什么用？

这些密密麻麻的条纹里藏着哪些秘密呢？

商品的身世！

商品的"身份证"

商品条形码是一种供计算机输入数据的特殊代码，是商品从生产出来起就拥有的"身份证"！一串小小的条码有重要的信息识别作用，包含了商品的一系列信息，比如制造厂商、产地、名称、特性、价格、库存数量、生产日期等。

自动化管理的好帮手

经由光电扫描设备识别，条形码中的信息会显示在计算机系统中，便于人们对商品实施仓储、盘点、运输以及销售等的流程管理。

在超市购物时扫一下条形码，就会出现完整的商品信息了！

这可是它的"身份证"！

嘀一！

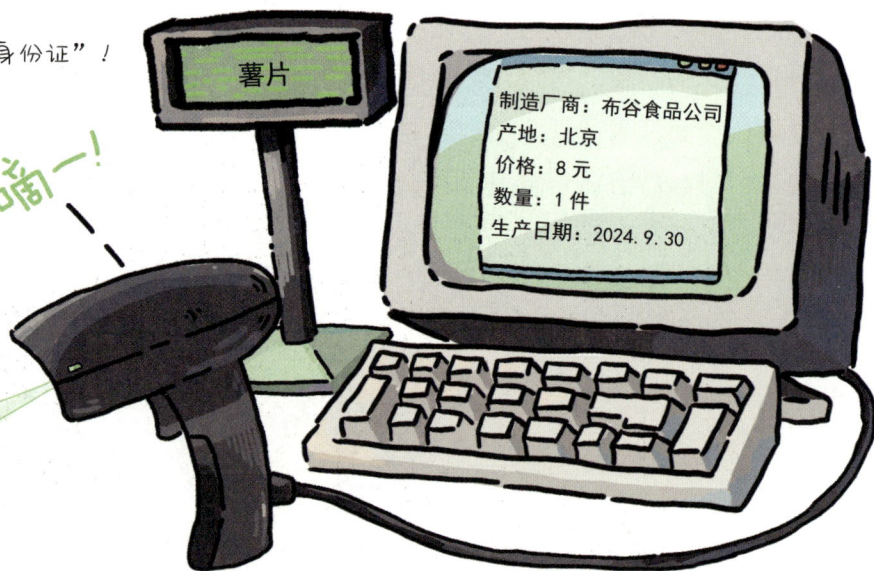

薯片

制造厂商：布谷食品公司
产地：北京
价格：8元
数量：1件
生产日期：2024.9.30

💡 你知道吗？

并不是销售所有商品时都要扫描条形码哦！一些商品种类较少或者经营规模较小的商铺或个体户，可能并不需要使用商品条形码来进行管理。

自动售货机为什么能辨认钱币？

自动售货机里有认钱"黑科技"？

没有眼睛，却能识别钱币的真假和面值，自动售货机究竟是怎么做到的呢？

自动售货机之所以能"认"钱，多亏了它体内的钱币识别系统。根据钱币的材质，可以分为纸钞识别系统和硬币识别系统。

难道自动售货机里藏着售货员？

自动售货机是如何识别钱币的？

自动售货机的钱币识别系统离不开传感器和计算机程序的协助！当钱币进入自动售货机内，光学传感器、电磁传感器就开始工作了。各种识别装置通过扫描和检测钱币上的特定标记、图案、直径、厚度和材质等物理特征以及磁性特征，来进一步确认钱币的种类和真伪。

你要干什么？

我只是想看看里面是不是藏着售货员……

📖 知识加油站

自动售货机识别 1 角硬币和 1 元硬币只需要几秒钟！

现行流通的 1 角硬币的直径是 19 毫米，1 元硬币的直径是 22.25 毫米或 25 毫米。

光电传感器可以测量硬币的直径。直径测量完毕后，专门设计的高频振荡电路可以进一步分辨硬币金属材料的电磁阻抗。

1 角硬币为不锈钢材质，1 元硬币为钢芯镀镍（niè）材质。

这一系列说来复杂的识别过程，仅在一瞬间就可以完成。

为什么 废旧电池 不能乱扔？

废旧电池怎么处理？

送到专门的回收处！

可怕的有害垃圾

电池耗尽电量后就成了废旧电池，许多人把它当成生活垃圾，直接丢进垃圾桶里。其实，这是在破坏环境。

干电池、充电电池的主要成分是锌皮、碳棒、汞（gǒng）、硫酸化合物和铜帽，蓄电池则是以铅的化合物为主要成分。如果把这些废电池当成生活垃圾处理，里面的重金属元素泄漏出来后，会渗透到土壤和水源中，除了污染环境，还会进入食物链，影响人体的健康。废旧电池是有害垃圾，应把它们投入有害垃圾桶，以便特别回收并妥善处理。

废旧电池也能变废为宝

别小看这些废旧电池，它们实际上仍然可以发挥余热！当工厂回收了这些废旧电池后，通过拆解、金属提取等一系列处理，可以将锂（lǐ）、钴（gǔ）、镍等有价值的金属元素分离出来。这些金属元素可以再度用于制造新的电池或其他产品，从而实现资源的有效利用。

铅污染

锌污染

汞污染

💡 你知道吗？

我们常见的有害垃圾，除废旧电池外，还有废弃的水银温度计、废弃灯管、过期药品、过期化妆品等。

18

飞机为什么害怕小鸟？

飞机那么大的块头，竟然怕一只小小的鸟……

事实上，一只小鸟的威力远超我们的想象。

一只小鸟的威力有多大？

当一只时速 100 千米的小鸟与一架时速 1000 千米的飞机相撞时，在这种速度下，二者撞击时产生的冲击力有时足以摧毁一架飞机。

全球每年有超过两万起鸟撞飞机事故，给国际航空界带来了巨大的经济损失和危险。

飞机"吞鸟"很可怕

除了鸟撞飞机会导致飞机受损外，鸟还可能被飞机的发动机吸入，导致发动机损坏而发生事故。为了降低鸟撞事故的发生，飞机发动机的性能也在不断升级。现在的飞机发动机在出厂前都会进行严格的鸟撞测试，以确保飞机在发生鸟撞事故时关键部分不会因撞击而停止运转。

我是进了小鸟埋伏圈吗？太可怕了！

💡 你知道吗？

为了减少鸟撞事故的发生，机场通常会采取一系列措施来降低鸟类在飞行过程中的撞机风险，比如配备多功能的驱鸟车、释放信号驱逐鸟类等。同时，飞行员在飞行过程中需要时刻观察空中的情况，尽量避免与鸟类相撞。

遥控器是怎样控制家电的？

遥控器和家电之间的"暗号"

你知道遥控器是怎么控制家电的吗？我们生活中常见的遥控器一般是红外线遥控器。当你按下遥控器的按键时，内部的一连串电路就被接通了，里面的芯片会据此判断并发出对应的编码序列信号。这一信号随后会被转换为红外线信号，家电中的红外传感器接收到此信号并转换回控制信号后，"中央处理器"便能够识别出具体的指令，并根据这些指令执行相应的操作，从而实现对电器的控制。

> 要是遥控器能控制一切就好了！

发明遥控器难道是为了让孩子睡个好觉吗？

据说，遥控器的发明源于一名工程师对商业广告的反感！

电视刚被发明出来时，广告的声音总是比节目的声音大很多，吵得人难以忍受。一位工程师的妻子常常抱怨广告会把熟睡的孩子们吵醒，这便促使工程师发明了世界上第一个可以关闭电视声音的有线遥控器。

> 我要看球赛！
>
> 我要看动画片！
>
> 也不看看遥控器在谁手！

📖 知识加油站

如果你发现遥控器突然失灵了，很可能是——你的遥控器信号被其他无线设备或强光源干扰了；遥控器与接收器之间的直线距离太远了；遥控器与接收器之间有障碍物；当然，还可能是你忘记换电池啦！

羽绒服为什么可以保暖？

天冷了，我也去买件羽绒服穿穿！

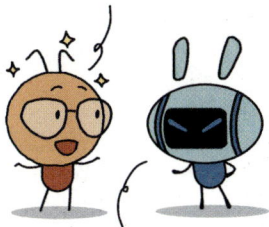

那你可要选一件充绒量高的呀！

"坚不可摧"的绒毛保护层

羽绒服之所以能保暖主要是利用了羽绒填充物的独特结构。羽绒一般是鸭、鹅等禽类身上的细小绒毛，这些绒毛蓬松柔软，能够形成大量的空气间隙，阻挡冷空气的流动、减少热量的散失，从而在衣服内形成保温层。这样一来，外面的冷空气不容易闯进来，身体的热量也不容易散发出去，人就会感到暖和喽！

为什么要看绒子含量和充绒量？

通常，羽绒服的保暖性能取决于绒子含量和充绒量。

绒子是来自鸭、鹅等禽类颈部与胸部的柔软蓬松的绒毛，不包含羽梗（gěng）。绒子含量是指绒子在羽绒羽毛中所占的质量百分比。含绒量越高，羽绒服的保暖性能越好。

充绒量是指羽绒服里填充的羽绒重量，通常用克来表示。一般来说，若想抵御北方的冬天，成人长款羽绒服的充绒量应在 230 克以上，而成人短款羽绒服的充绒量则应在 130 克以上。

也太热了吧！

知道我们为什么不怕冷了吧！

💡 你知道吗？

早在中国的周代，人们就已经开始利用鸟兽的毛来制作羽衣了，这种羽衣也被称为毳（cuì）衣。到了汉代，人们更是巧妙地利用牦牛毛作为衣服的絮料。而到了唐代，聪明的工匠们已经开始采用鹅的毛绒来制作衣被了。

怎样躲避雷电伤害？

雷雨天在家最安全！

轰隆！！！

雷雨天，哪些地方更安全？

在雷雨天气中，闪电通常更喜欢攻击位置较高的、孤立且突出的物体。因此遇到雷雨天时，我们应该避免在山顶等地势高的地方停留，并尽量远离树木、电线杆、广告牌等高耸的物体。相比之下，室内是安全的地方。同时，关闭门窗、远离金属制品、减少电子设备的使用也是必要的。虽然雷电不容易进入室内，但仍然存在一定的风险。

被雷电"亲密接触"怎么办？

在雷雨天，你突然发现身上的毛发竖起，四肢仿佛有无数蚂蚁在爬，这可能是你的身体正在与雷电"亲密接触"的信号。此时，你应该立刻停止前进，迅速将双脚并拢并下蹲，身体尽量向前倾斜，双手紧紧抱住膝盖，使身体努力蜷缩成球状。这样的姿势可以最大程度地减少雷电对人体造成的伤害。

危险，快跑！

为什么不能徒手去拉触电的人？

人体也是导电体

除了金属、石墨、大地等常见的导体，人体也是一种天然的导体。当人触电时，人体会成为电流通路的一部分。此时，如果有人徒手去拉触电者，不仅无法成功施救，还会把自己也接入电流通路中，形成连锁反应。

触电太可怕了！

是啊！

我用它来救你！

你竟然知道木头是绝缘体！

如何救助触电的人？

发现有人触电后，一定要在第一时间切断电源，如拉下电闸（zhá）或关闭开关。如果无法切断电源，可以用干燥的木棍或橡胶、塑料等其他绝缘体使触电者脱离电源，视情况进行心肺复苏，同时拨打急救电话。

📖 知识加油站

当人体接触到一定电压时，体内的电阻会迅速减小，电流急剧增加。一旦电流达到20～50毫安，人体就会因痉（jìng）挛（luán）而无法摆脱电源。这时，触电者会出现呼吸困难、血压升高、心室颤动等情况，若不能及时获救，还有可能造成死亡。

被困在电梯里怎么办？

如果你被困在电梯里该怎么办？

等人来救啊！

按"小铃铛"求救

你注意到了吗？电梯里的按键除了楼层按钮，还有一个小铃铛图案的按钮，它就是紧急呼叫按钮。如果因电梯故障而被困，我们应该立即长按这个"小铃铛"，联系值守人员说明情况，寻求帮助。如果紧急呼叫暂时无人应答，就要立即拨打"119"报警求助。消防员会使用专业的工具，将我们从故障电梯中救出。

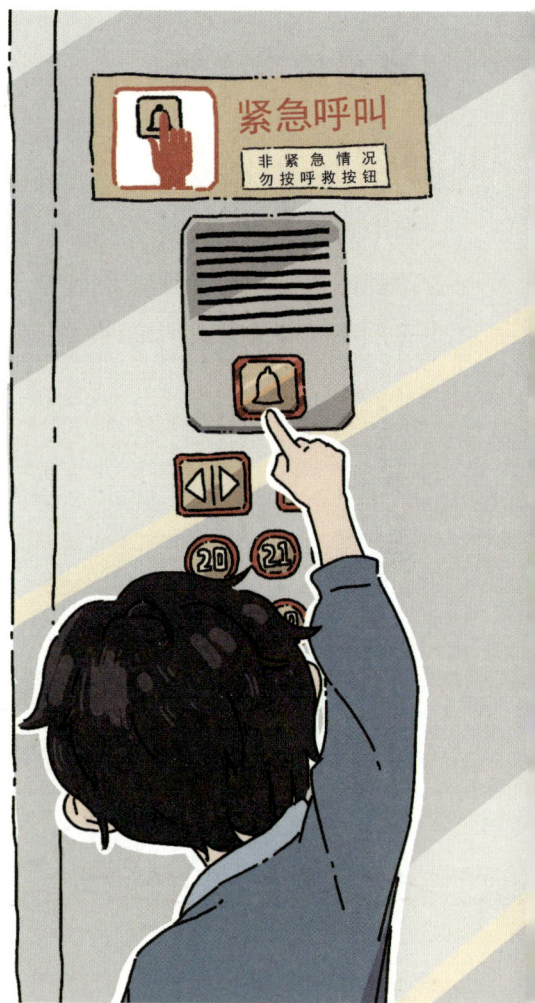

紧急呼叫

非紧急情况
勿按呼救按钮

20 21

别哭了，快贴紧电梯，抱住脖颈，膝盖弯曲！

啊……
我好害怕……

电梯突然下落怎么办？

如果遇到电梯突然下落，采取以下自救措施可以保护自己：保持镇定，迅速按下所有楼层按钮；掌握正确的防护姿势，头和后背紧贴电梯内壁，双手紧握电梯扶手以免摔倒。如果没有扶手，应双手抱颈以免脖颈受伤。同时，膝盖保持弯曲姿势，来缓冲电梯急停产生的影响。

被困在电梯里会缺氧吗？

　　电梯里没有窗户，很多人担心被困太久会缺氧。实际上，按照国家相关规定，每部电梯轿厢的上部和下部都必须设置通风孔，以确保空气的流通。因此被困在电梯里一般是不会缺氧的。然而，狭小的空间有时可能导致被困人员过于紧张，从而出现一些类似缺氧的症状。记住，被困在电梯中时，最重要的是保持冷静，千万不要惊慌失措。

贸然自救不如静待救援

　　过度恐慌可能导致人们失去理智并采取错误的措施，这种悲剧屡见不鲜。例如，强行扒开电梯门可能导致电梯突然启动，造成挤压，致人伤亡；擅自攀爬天窗则可能因环境的黑暗和身体的不平衡而坠落。因此与其使用错误的方法自救，不如保持镇定，等待合适的时机寻求救援。

牛仔裤是怎么诞生的？

牛仔裤的前身竟是矿工服

你一定很难相信，如今风靡（mǐ）全球的牛仔裤，前身竟是矿工们干活时穿的工作服！20世纪50年代，牛仔裤的发明者李维·斯特劳斯为了给矿工们提供更加结实耐穿的裤子，使用了原本用来做帐篷的帆布，并在口袋等处采用了铜钉加固，牛仔裤就此诞生，成为美国西部最受青睐的工装裤。

牛仔裤的前身是矿工们的工作服！

哇，矿工们这么时尚！

牛仔裤与牛仔有关系吗？

当时美国西部牛仔经常穿着这种裤子，它耐磨、吸汗，还有多个口袋，非常适合牛仔的工作需求。彼时，美国西部电影盛行，明星们也纷纷穿上这种裤子，塑造出英勇、高大的牛仔形象。于是这种广受欢迎的工装裤就被命名为"牛仔裤"，并流传至今。

牛仔裤与美国历史

随着时代发展，牛仔裤已经超越了服饰的范畴（chóu），成为美国不同时代人文精神的象征。它承载着淘金时期牛仔们的浪漫、战后青年的反叛以及现代人对时尚的追求……牛仔裤的历史与美国的历史紧密交织，每一代人都能从牛仔裤中寻找到属于他们的时代精神。

价值 8.74 万美元的牛仔裤

一条牛仔裤竟能拍出几万美元的天价！据说，在美国新墨西哥州的一个拍卖会上，一条在废矿井中发现的 19 世纪 80 年代的牛仔裤被拍到了 8.74 万美元。这条牛仔裤的保存状况出人意料的良好，甚至可以直接穿在身上！

💡 你知道吗？

一个国际研究小组在秘鲁北部海岸普雷塔遗址挖掘出 6000 多年前的织物碎片，令人震惊的是，这块古代织物竟被染成靛（diàn）蓝色，与如今流行的牛仔裤染料相同。科学家们戏称，这或许是最古老的"牛仔裤"，远超在埃及发现的有 4000 年历史的布料。

人一生要吃掉多少食物?

人的一生只能吃 9 吨食物吗?

关于"人一生要吃掉多少食物"这一话题，有一个广为流传的说法："人一生只能吃 9 吨食物。"其实这是没有依据的言论。

依据中国居民平衡膳食宝塔的推荐，成人每天需要摄入 1 ~ 2.6 千克的食物，如果按照每天吃 1 千克来计算，9 吨食物不到 25 年就会被吃完！

算算我能吃下几桌满汉全席……

饭量大小影响寿命吗?

许多人认为，吃得越少，寿命越长。然而，目前并没有科学研究或实验证实这一说法。

吃得太多、摄入的总热量太高，的确会给身体带来负担！人们会患上高血压、高血脂、糖尿病、肠胃疾病等。如果摄入的食物太少，则无法满足人体所需的营养和能量。长期如此，可能会导致营养不良、免疫力下降，甚至器官功能衰退等问题。

你那是营养不良，我饭量大，身体才强壮！

我饭量小，我长寿！

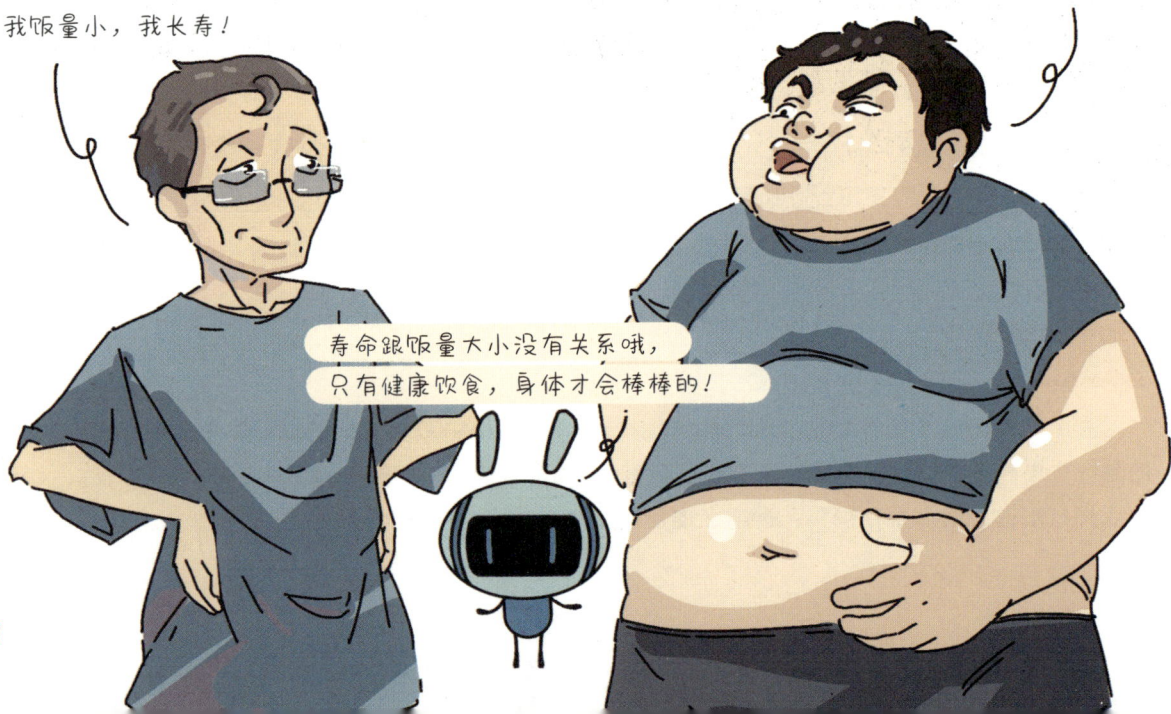

寿命跟饭量大小没有关系哦，只有健康饮食，身体才会棒棒的！

什么是平衡膳食？

尽管我们面临众多可供选择的食物（无论这些食物是自然生长还是经过加工的），然而没有任何一种食物能满足人体对所有营养素的需求。

所谓的平衡膳食，既是指实现人体对各类营养素需要的平衡，也是指能量摄入和消耗的平衡。

一般来说，成年人要想达到平衡膳食，应该由碳水化合物提供总能量的50%～65%、脂肪提供20%～30%、蛋白质提供10%～15%。对于儿童和青少年来说，由于身体发育的需要，脂肪提供的能量的比重应适当提高。

你已经营养超标了……

每样都点一份，营养才能均衡吧！

谷薯类

鱼肉蛋白类

水果类

蔬菜类

两餐制？三餐制？四餐制？

先秦时期，人们通常遵循日食两餐的习惯，甲骨文中的"大食"和"小食"便是指这两餐。这种饮食习惯与当时人们"日出而作，日入而息"的生活方式相契（qì）合。到了汉唐时期，随着社会的发展和人们生活节奏的改变，一日三餐制逐渐成为主流饮食习惯，即早餐、午餐和晚餐。

在其他国家，饮食制度也有所不同，例如在英国，富裕人家通常采用每日四餐的方式，即早餐、午餐、茶点和晚餐。

📖 知识加油站

有些食物还具有一定的辅助治疗作用呢！比如燕麦可促进胆固醇（chún）代谢，空心菜可以润肠通便，冬瓜可以利尿消肿，梨可以化痰止咳……如果你因摄入的肉食过量而导致积食，可以吃些山楂来帮助消化哦！

是什么让我们的身体发胖的？

都怪鸡腿让我发胖！

那就少吃一些吧！

嘿嘿……

你把我压变形了！

高热量食物的诱惑

酥脆香辣的炸鸡、香甜软糯的蛋糕、油脂满溢的烤肉……光听着就让人流口水！

如果摄入过多热量又不爱运动，就会造成脂肪堆积，引起身体肥胖。而身体肥胖又是引起心血管疾病、内分泌紊（wěn）乱、呼吸系统疾病等多种病症的罪魁（kuí）祸首。

都是它们惹的祸！

睡得少会让人发胖吗？

睡得越少，越容易发胖吗？想要解答这个问题，我们可以先了解与睡眠密切相关的瘦素！

瘦素是可以抑制食欲、抑制脂肪合成的一种物质，睡眠不足会导致它的分泌变少，而与此同时，负责增强食欲的胃饥饿素分泌增加。这就会使人变得食欲旺盛，仿佛能吃下整桌的满汉全席……

那就不要熬夜！

AM 10:30

睡眠不足会让人变胖！

生病会让人发胖吗？

你知道吗？疾病和药物也可能是引起肥胖的"元凶"哦！比如唐氏综合征、小胖威利综合征等遗传性疾病就会使患者表现出肥胖或其他机体功能异常，而一些口服激素类药物也可能在短时间内导致体重增加。

肥胖体质是遗传来的吗？

父母肥胖是否意味着孩子也会肥胖？研究显示，肥胖确实具有一定的遗传倾向。当父母双方都是肥胖身材时，孩子肥胖的概率会相对高一些，但也并非绝对。

除了遗传因素外，生活习惯也是影响体重的重要因素之一。一家人的生活习惯相似，可能导致家庭成员间的体重指数相近。

即使父母体重超标，孩子仍可以通过健康的生活习惯来控制体重，降低肥胖的风险。

你竟然没有遗传爸爸妈妈的肥胖？

我在努力控制体重哦！

压力大也会让我们变胖吗？

当我们感到压力大时，身体会分泌一些激素来应对这种压力。这些激素可能影响新陈代谢和食欲，导致体重增加。此外，有些人会通过吃甜食或其他高热量食物来暂时缓解压力。虽然这些食物能给我们带来短暂的快乐，但如果过量摄入，就会使人发胖。

为什么 书报 会变黄？

"报"老珠黄？

纸张也会变"老"

为什么原本洁白的书报会随着时间的流逝而变黄呢？这主要是因为纸张中含有木质素成分。木质素在某些条件下，尤其是在紫外线的照射下，容易发生化学反应。这种反应会导致木质素中的基团发生变化，进而形成黄色的酮（tóng）和醌（kūn）。这些黄色物质会导致纸张逐渐泛黄，加速纸张的老化和降解。

造纸商通常会采用化学方法去除木质素，那些含木质素少的纸张，保持洁白的时间就会相对长一些哦！

这可是我出生当日的报纸，怎么变黄了？

XX日报 2012年 6月1日·星期五

如何防止书报变黄？

为了减缓书报老化的速度，放置书报的位置也需要讲究一些。

要避免书报长时间暴露在阳光下或处于潮湿的环境中，储存条件以干燥、通风、阴凉处为佳。必要的话，也可以使用专业的保存材料来延长书报的"青春"。

为什么有时要在屁股上扎针？

屁股上挨一针，好得快？

屁股招谁惹谁了？

我们常说的"屁股针"，其实是一种肌肉注射的方式，就是把药物注射到臀部肌肉组织中。人类的臀部肌肉层厚实，肌肉组织松弛，血管丰富，扎针时不仅不易损伤血管和神经，还有利于药物的快速吸收。因此打"屁股针"便成了很多人的童年阴影。

"屁股针"为什么越来越少了？

科技的发展让越来越多的药物可以通过口服、吸入或贴片等方式起效，从而一定程度上取代了打针的方式。而大部分疫苗的给药量较小，通过"胳膊针"（三角肌注射）就能完成。

这点儿痛算什么，让你看看我的忍耐力！

💡 **你知道吗？**

想要打针不那么痛，除了配合医护人员摆好体位、尽量使肌肉松弛以方便进针外，还有一点非常关键，那就是你足够幸运，遇到一位技术高超的医护人员！

33

什么是低碳生活？

如何通过"低碳"化解环境危机？

尽管我们的生活水平提高了，但环境却日益遭到破坏。如今，我们所处的地球正面临着前所未有的危机。

随着工业化的程度不断加深，人口迅速增加，不可再生资源被大量消耗，二氧化碳等温室气体的排放量持续上升，全球气候变暖，极地冰川融化，海平面上升，极端天气与灾害频发……

如果我们再不行动，后果将不堪设想！在这种情况下，低碳生活的理念应运而生。

日常生活中尽可能减少能量的消耗，从而减少二氧化碳的排放量，这样的生活就是低碳生活！

低碳生活是少吃碳水食物吗？

这里的"碳"指的是以二氧化碳为主的碳元素哦！

低碳生活的方式有哪些？

想要实现低碳生活，其实非常简单！只需从日常生活中最基础的衣食住行入手就可以哦！

比如减少购买衣服的次数，尽量选择棉质或麻质的服饰；适量点餐；尽量少用一次性餐具；节约用电，随手关闭不使用的电器；选取可降解的环保材料，用布袋替代塑料袋；选择公共交通工具、步行或骑行代替自驾汽车出行……

这些日常生活中的举手之劳，都可以减少二氧化碳的排放哦！

低碳生活是过穷日子吗?

少买衣服、少点外卖、少开车,这不是让人过回穷日子吗?其实这是许多人对低碳生活的误解。

低碳生活倡导的是在不降低生活质量的前提下,让人们以"健康、环保、有机、绿色"的方式去生活,"吃苦"可不是低碳生活的宗旨哦!

今天,你"低碳"了吗?

你知道"全国低碳日"是哪天吗?自 2013 年起,全国节能宣传周(一般在夏季举行)的第三天被设立为"全国低碳日"。它的设立是为了鼓励大家一起参与低碳活动,关注气候变化的影响,并积极采取行动,践(jiàn)行绿色的低碳生活方式。

📖 知识加油站

少搭乘 1 次电梯,可减少约 0.218 千克的碳排放量!

少开 1 千米汽车,可减少约 0.22 千克的碳排放量!

少吃 1 次快餐,可减少约 0.48 千克的碳排放量!

把 45 分钟的跑步机锻炼改为室外慢跑,可以减少近 1 千克的碳排放量!

乘坐飞机时需要关闭手机吗？

如果不关闭手机会怎么样？

请你下飞机……

避免潜在的风险

早期研究认为，手机发射的无线电波有可能会干扰飞机上的电子系统和地空通信，这种可能性虽仅作为理论存在，但航空行业对安全的要求极高，任何潜在风险都要被极力避免。为了确保飞行安全，我们在乘坐飞机时最好按照航空公司的规定，正确使用电子设备。

开启飞行模式

以前，为了确保飞行的安全，航空公司要求乘客必须关闭手机。然而，随着技术的不断进步，飞机设备和系统的抗干扰能力得到了大幅提升。现在我们在乘坐飞机时，只要让手机处于飞行模式，就可以避免信号干扰，而无须完全关机。不过，在飞机起飞和降落阶段，为了确保绝对的安全，乘务员有时仍会要求乘客关闭手机。作为乘客，我们必须遵守规定，配合乘务员的工作哦！

我开启了飞行模式！

飞行模式

你应该关机！

一颗鸡蛋从 30 层楼坠落，会怎样？

从30层楼上扔下一颗鸡蛋，你敢接吗？

除非不要命了……

一颗鸡蛋的威力有多大？

一颗鸡蛋从高空坠落竟可致命？这可不是危言耸（sǒng）听。有数据显示：把一颗 30 克的鸡蛋从大约 4 层楼的高度抛下，可致人头顶鼓起肿包；从 18 层楼抛下，会砸伤人的头骨；而从 30 层楼抛下，其冲击力足以致人死亡！

我是鸡蛋，不想做炸弹！

小物体也能把人砸伤吗？

为什么一个小小的物体，从高空坠落能将人砸伤呢？从物理学角度来解释，物体下落时产生的冲击力，不仅与物体的质量有关，更与它下落的高度有关。随着下落高度增加，物体的速度也会随之增大，进而产生更强的冲击力。这样的力量如果作用在人的身上，造成的伤害就难以想象了！

为什么衣服湿了颜色会变深？

颜色深浅与光的反射有关

我们能看到五彩斑斓的世界，是由于物体表面的光线反射进入了眼睛。物体反射的光越多，我们看到的颜色就越浅。

干燥的衣服表面粗糙，可以从不同的角度反射光线；湿衣服里的纤维间隙被水分子填充，而水分子无法产生明显的反射现象，这样通过反射进入眼睛里的光线就减少了。同时，水分子本身阻碍了一部分光线的传播，进一步减少了光的反射量，使得湿衣服看起来颜色更深一些。

难道是衣服干了之后，就掉色了？

不是，这跟光的反射有关！

我的裙子颜色怎么变深了？

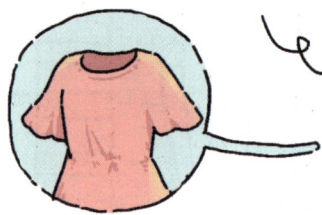

晾干就会变回原来的颜色啦！

所有的衣服湿了颜色都会变深吗？

当然不是喽！比如生活中常见的涤（dí）纶（lún）、锦纶等布料，由于不易吸水，水分子无法填充布料表面的纤维间隙，也就不容易阻碍光线反射，所以这种布料的衣服沾湿前后颜色几乎没有差别。

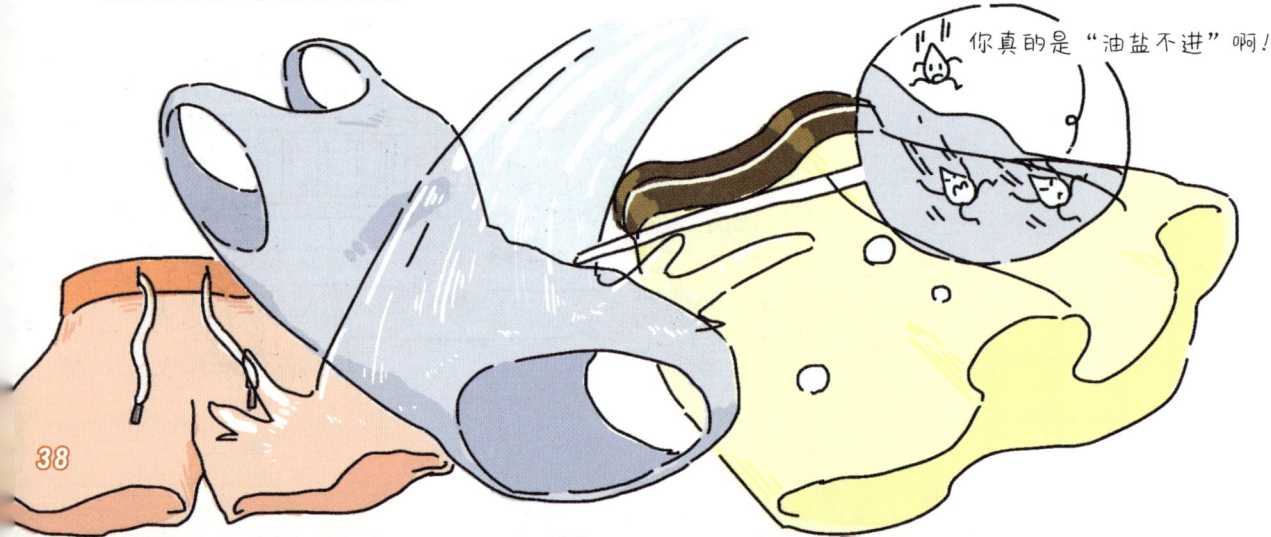

你真的是"油盐不进"啊！

为什么湿纸晾干后就不平整了？

纤维素与"搞破坏"的水分子

在纸张成型的过程中，纤维素分子经过精密的排列，形成了一个结构紧凑的整体。当纸张遇到水时，水分子会与纤维素分子相互作用，使纤维素分子发生位移，导致原有的结构发生变化。与此同时，纸张中添加的一些定型剂等化学物质也会在遇水后发生反应，进一步影响纸张的结构和形态。这种变化不仅会导致纸张产生褶（zhě）皱，还可能使它的颜色、质地和尺寸等都发生改变。

不好意思，被雨淋湿了……

怎么变成了这样！

褶皱与液体表面的张力也有关系

从物理学角度看，当潮湿的纸张中的水分蒸发时，水分子受到张力（可以理解为相互牵引力）的影响，趋向于聚集在一起，以使自身表面尽可能地收缩。这种聚集导致纸张各部分的受力不均，从而变成皱皱巴巴的模样。不得不说，水分子真是展现出了惊人的团结力量啊！

💡 你知道吗？

并非所有纸张在遇水后都会出现褶皱，比如纸质人民币，它的主要原料是棉花，与草木纤维制作的纸张相比，纸质人民币的吸水性较弱，因此抗皱性更强。

一杯可乐含多少糖？

甜蜜的"陷阱"

喝可乐太爽了！

小心，它是"糖分炸弹"！

在炎炎夏日，喝一瓶冰镇可乐真是让人畅快淋漓！但你知道吗？一罐330毫升的普通可乐，含糖量竟然高达35克左右！而根据世界卫生组织建议，成人每日糖分摄入量最好不要超过25克。

当然，我们不能因噎（yē）废食，偶尔在聚餐时享受这份甜蜜是可以的。但是，切忌长期、大量地把可乐等碳酸饮料当水喝哦！

可乐对我们的身体影响有多大？

可乐中不仅含有高糖分，容易让人发胖，还含有咖啡因，能够使人兴奋。长期大量饮用可乐等碳酸饮料，会给胰腺带来负担，增加患糖尿病的风险，并可能影响睡眠。

此外，可乐中的磷含量也不低。如果每天大量饮用可乐，会降低钙磷比，影响钙的吸收。同时，可乐中的糖分会加速钙的流失，增加患骨质疏松的风险。

猜猜我有多甜蜜？

可乐
330ml

有这么多吧！

糖35g

人为什么会晕车?

晕车、晕船、晕机是疾病吗?

晕车、晕船或晕机等症状,在医学上被称为晕动病,目前大部分人认为这是由于大脑接收到的运动指令与感觉反馈(kuì)不一致所导致的。当乘客身处移动的车辆中时,眼睛看到的是静止的汽车座椅,而耳朵中的前庭器官却感受到了颠簸(bǒ)与转弯。这两种信号相互冲突,导致了一系列晕动病症状的出现。当然,关于晕动病的成因,科学界还存在不同的观点,目前尚未有定论。

我开车带你去旅行吧!

你忘了我容易晕车吗?

你午饭吃了多少啊!

我晕成这样,你还有心思调侃我!

呕~

什么情况下更容易晕车?

如果在日常生活中出现感冒、睡眠不足、空腹、吃得过饱、饮酒、身体虚弱、过度疲劳、神经衰弱、心血管疾病或头部受外伤等情况,那么在乘坐汽车、轮船或飞机等交通工具时,就更容易出现头晕、恶心、呕吐等晕动病症状。

41

防腐剂会影响我们的健康吗？

什么是防腐剂？

一提到防腐剂，有些人会立刻想到浸泡生物标本的福尔马林，仿佛瞬间就会有一股刺鼻的气味扑面而来。福尔马林，是甲醛（quán）的水溶液，虽然具有显著的防腐效果，但它是有毒物质，绝对不能添加到食品中。

而我们所说的食品防腐剂，是经国家批准的、用量有明确限制的、主要用于抑制微生物繁殖的一种食品添加剂。常见的有山梨酸、苯（běn）甲酸钠、纳他霉素等。快看看你吃的食品包装上标注的是哪一类食品防腐剂吧！

食品中可添加的防腐剂有哪些？

山梨酸！

苯甲酸钠！

福……福……尔马林……

福尔马林有毒，是浸泡生物标本用的！

古人也用防腐剂吗？

在很久以前，我们的祖先就发现，在制作卤（lǔ）制品、腊肉、香肠、火腿等食品时，加入少量的硝（xiāo）石（即硝酸盐），不仅可以防腐，还能使食物的味道更鲜美，肉的色泽更诱人。然而，在今天看来，这种方法并非完美无缺，也存在一定的风险。因为硝酸盐在特定环境下会转化为亚硝酸盐，而亚硝酸盐有可能生成致癌物质亚硝胺（àn）。如果用量超标，会对人体造成很大的健康隐患。尽管世界各国大多允许在肉类中添加硝酸盐和亚硝酸盐，但为了确保安全，对其用量有着严格的限制。

古人很早就发现了我的防腐、提色和提香能力！

可是用量不能超标哦！

防腐剂会在人体内堆积吗?

我们的食品中添加的很多防腐剂都是天然的。比如山梨酸是从花楸(qiū)果中提取出来的。苯甲酸和苯甲酸钠则能和体内的甘氨酸结合,形成无害的马尿酸,从而被排出体外。也就是说,符合国家规定使用剂量的防腐剂,其实并不会在我们的身体里停留太久,它们很快就能够被分解或排出体外。

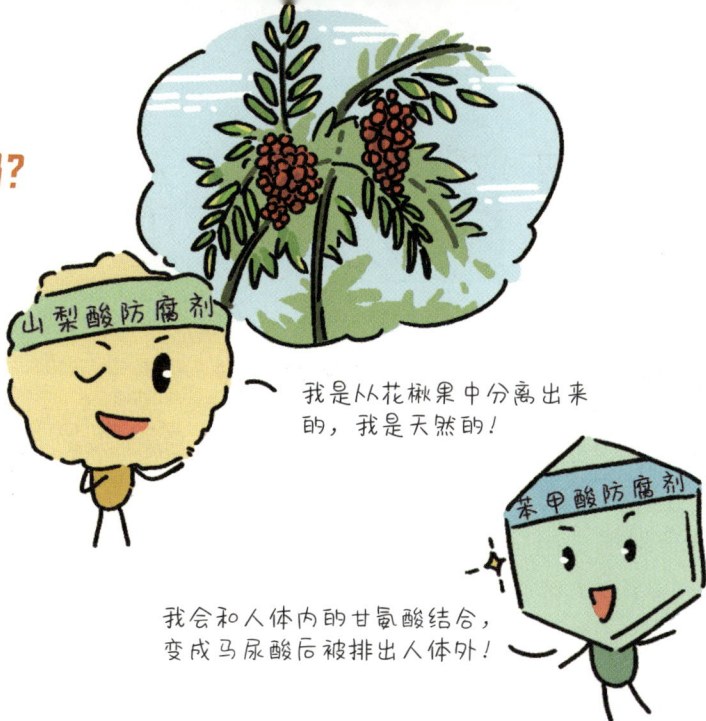

山梨酸防腐剂

我是从花楸果中分离出来的,我是天然的!

苯甲酸防腐剂

我会和人体内的甘氨酸结合,变成马尿酸后被排出人体外!

那我就放心吃了!

薯片

我们的生活能离开防腐剂吗?

如果不添加防腐剂,食物很容易发霉,产生的黄曲霉素不仅会导致呕吐、拉肚子,还会增加患癌的风险。实际上,被霉菌或细菌污染的食品,在肉眼看到霉点或味道改变之前,就已经开始威胁人体健康了。没有防腐剂,大量食品将无法长时间保存,导致浪费。只要是从正规渠道购买的质量合格的食品,所添加的防腐剂都在国家管控范围内,是可以放心食用的。

离开防腐剂,我们光鲜的日子太短暂了!

关于牛奶，你了解多少？

刚挤出的生牛奶能直接喝吗？

刚刚挤出的生牛奶最好不要直接喝，尤其是儿童、老人、孕妇等免疫力相对低下的人群。新鲜的生牛奶中不仅含有能让牛奶变质的微生物，还有可能携带对人体有害的结核分枝杆菌、沙门氏菌、大肠杆菌、李斯特菌、布鲁氏菌等。经过杀菌、灭菌等消毒处理过的牛奶，才可以放心喝哦！

养一头奶牛啊……

怎样实现牛奶自由？

我想喝一杯！

鲜的生牛奶不能直接喝，会拉肚子……

给牛奶杀菌和灭菌有什么区别？

杀菌和灭菌都是对生牛奶进行消毒的处理方法，但处理程度和效果有所不同。杀菌是一种温和的处理方式，它通过加热等方法杀死致病性细菌和杂菌，同时尽量保留牛奶的营养价值和口感；而灭菌则是一种更彻底的消毒方法，它几乎能够杀死牛奶中所有的微生物，使牛奶达到商业无菌状态。相比之下，经过灭菌处理的牛奶通常保质期更长。

我可以常温保存180天，比你厉害！

可我营养更全啊！

灭菌牛奶

巴氏杀菌牛奶

保存条件：常温
保质期：180天

保存条件：2℃-6℃冷藏
保质期：7天

巴氏杀菌是怎么回事？

你注意到了吗？有些鲜奶产品上标注了"巴氏杀菌"的字样。那么，这个"巴氏杀菌"到底是什么呢？它的命名源于其发明者——法国的化学家和微生物学家路易斯·巴斯德。

巴氏杀菌法利用病原体不耐热的特性，通过选择适当的温度和时间，将物品中的病原体彻底消灭，同时保留一部分耐热性较强、无害或有益的细菌或细菌芽孢（bāo）。

巴氏杀菌最经典的是低温维持法，即在 63 摄氏度下加热 30 分钟。除此之外，还有高温瞬时法，即在 72 摄氏度下加热 15～20 秒。

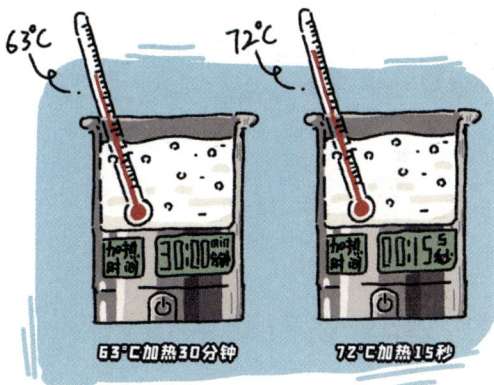

63℃加热30分钟　　72℃加热15秒

牛奶变质就会变成酸奶吗？

当然不是！牛奶变质，是由于细菌、真菌等微生物的大量繁殖，导致牛奶出现酸败、变臭和黏稠等腐败现象；而酸奶则是将鲜奶进行配料、杀菌后接入乳酸菌种，经过发酵而制成的。酸奶中含有大量对我们身体有益的活性乳酸菌，这些乳酸菌在人体内生长繁殖，有助于抑制肠道内腐败菌的生长和毒素的产生，从而维持肠道菌群的平衡。

所以说，尽管酸奶和变质牛奶都与微生物有关，但它们的形成过程和成分是截然不同的。

乳酸菌种＋发酵

牛奶

酸奶

💡 你知道吗？

路易斯·巴斯德不仅发明了沿用至今的巴氏杀菌法，还研发了狂犬病疫苗和炭疽（jū）病免疫疫苗哦！

45

古人是怎样买卖东西的？

去赶集喽！

古人用什么来交换商品？

在人类历史的初期，我们的祖先是以物换物，用他们自己的物品或劳动来交换自己想要的物品或者服务。到了夏、商、周时期，人们开始使用不同种类的贝壳作为货币，用以购买其他的商品，即贝币。随着时间的推移，金属钱币和纸币被发明出来，它们既是商品，也可以表示其他商品的价值。

我就值这一串贝壳啊……

一手交钱，
一手交货……

💡 你知道吗？

在古代，并不是所有的贝壳都有资格成为货币。能当作货币的贝壳都是极少见的品种，主要以齿贝最为通行，比如虎斑贝、阿文绶（shòu）贝、环纹货贝等。

46

古人只能去固定地点买东西吗？

唐朝前期一直实施着严格的坊市制度，坊为居民区，市为商业区，坊内不设商铺，市内不住居民。到了晚上，所有商铺都必须关门，违者会受到严厉的惩罚！到了宋代，随着商品经济的蓬勃发展，统治者逐渐允许居民在任何街道开设商铺，也放宽了营业时间，于是"24小时营业"的商铺变得越来越多……

古人也有"购物节"吗？

古人赶集和逛庙会的热情，丝毫不亚于我们现在在各大购物网站参与"购物节"的热情。不过，古人没有手机，他们只能起个大早，亲自去集市上挑选物美价廉的商品。要是不小心在别的事情上耽误了时间，他们就只能买别人挑剩下的东西啦！"起了个大早，赶了个晚集"的心情，古人应该比我们更有体会。

银子怎么"找零"？

拿把大剪刀把银子多出来的部分剪掉？是的，古人就是这么给银子找零的。一方面，银子不像铜钱那样有固定的面额，它的价值和重量息息相关，银子越重，价值越高。另一方面，店铺老板也担心顾客在银子里掺假，剪开察看更加放心。这么看来，古人出门购物时还是多带些铜钱才更方便找零呀！

您稍等，马上找零……

古代的钱币都是什么样子的?

早期的货币

　　在古代，人们使用各种物品作为货币进行交易，比如贝壳、石头、兽骨等。这些物品在一定程度上充当了货币的角色，帮助人们进行商品交换和价值衡量。随着社会的进步和发展，人们开始意识到金属的坚固耐磨和易携带性，因此逐渐转向使用金属铸造钱币。

老板，来两个包子!

好咧!

拿把刀要干什么?

带着"刀"去买东西有多酷?

　　春秋战国时期，虽然各国大多使用铜币或铁币，但它们流通的却不是同一种货币。其中，有一种形状像刀的铜币，名为刀币，主要产生和流通于齐、燕、赵等国。刀币分很多种，比如明刀、齐刀、针首刀、直刀等。拿着"刀"去买东西，是不是很酷?

"天圆地方"的钱币竟用了 2000 多年？

秦始皇统一六国后，废除了贝币、布币、刀币等钱币，并以圆形方孔的铜币——"半两"为全国统一的钱币。后来，几乎历朝历代的钱币都沿用了这一形制。五铢（zhū）钱也是圆形方孔的，它最早出现于汉武帝元狩（shòu）五年（公元前 118 年），直到唐高祖武德四年（公元 621 年）被废止。之后，历代使用的铜钱也多为圆形方孔钱，这种铜钱的铸造一直持续到民国初年。五铢钱和今天的硬币差不多大，只不过它的中间多了一个正方形的缺口。有些学者认为，"圆形方孔"呼应了古人的宇宙观，即"天圆地方"，这也意味着只有天子——皇帝才有资格铸造钱币！

哇，五铢钱竟然用了 700 多年！

最早的纸币长什么样？

宋朝，我们拥有了世界上最早的纸币，名为"交子"。然而，这种纸币最初只是作为一种"存款凭证"，由民间发行并在民间流通。直到天圣元年（公元 1023 年），政府才接手，使其成为统一印刷的钱币。在宋朝之前，买房子可能需要拉一车的金属货币；然而在宋朝之后，买房子却只需要一叠纸币！这一变革极大地简化了交易流程，推动了商业的发展，也改变了人们的生活方式。

我已经用"交子"买东西啦！

背这么多铜钱去赶集，也太累了！

支付方式是怎样演变的？

我只要"刷脸"，就可以支付！

这是什么技术？

物物交换真麻烦

在货币出现之前，如果你想得到一个苹果，就必须用梨或其他物品去交换。然而，这可能会带来一些麻烦，因为拥有苹果的人可能并不想吃梨，而是希望用苹果换一件新衣服，而拥有新衣服的人可能要求用两个苹果来交换一件新衣服。在这种情况下，物物交换就显得非常烦琐。

我还想用它换新衣服呢！

用我的梨换你的苹果行吗？

一般等价物不仅仅是货币

一般等价物就是表现其他一切商品价值、充当交易媒介的商品。现在说起一般等价物，人们马上就能想到货币。然而，古人也曾将牲畜、兽皮、斧头、粮食、铁器、布匹等当成一般等价物。这些物品充当一般等价物存在各种缺点，例如不易携带、容易磨损和腐烂等，于是人们逐渐将一般等价物限定在某些特定商品上，最早的货币应运而生。

一张"纸"就能买下一套房吗？

　　在前文中，我们探讨了货币材质的演变。随着纸币的出现，人们的支付方式发生了翻天覆地的变化。以往，购买房产需要用车载着一堆金属货币进行交易；而到了宋代，人们只需交付一张"纸"即可完成房款的结算！这种"纸"就是当时的纸币，被称为"交子"。如果有需要，人们还可以携带交子前往当时的金融机构——"交子铺"兑换金属货币。

有卡走遍天下！

别高兴太早，注意里面的余额足不足哦！

拿着"卡片"走天下

　　现代社会对效率的追求，使货币逐渐显得不太方便了，于是"刷银行卡"这一新型支付方式产生了。银行卡是由商业银行或其他金融机构发行的电子支付凭证，有储蓄卡、信用卡等。在商场里，人们只需用小巧的卡片在刷卡机上轻轻一刷，即可轻松完成支付。

都什么年代了，我们用"扫码"支付！

老板，我买10个馒头。

扫什么马？

"扫一扫""刷一刷"就能付款

　　得益于移动支付技术的飞速发展，今天的人们几乎不用随身携带现金、银行卡，只需使用手机等移动设备就能进行商业交易。目前，新型支付方式如"刷脸""扫码"等正在逐渐普及，未来的付款方式也许会更加便捷，甚至超出你的想象哦！

钞票是怎样被印出来的？

这是违法的！

我要造一台印钞机！

独一无二的印钞纸

我们在市场上是买不到印钞纸的，因为这种纸张是专门用于印刷钞票的，并且与货币一样受到国家的严格监管。那么，印钞纸是如何制造出来的呢？在有警察严密守卫的印钞厂中，经过打浆、造纸等工序，棉花等原料就会"摇身一变"，成为一张张坚韧的印钞纸。这些纸张的表面还会被加上隐秘的水印，成为它们证明自己身份的标识之一。

开始印钞啦！

胶印是印钞的第一道工序。在胶印机巨大的轰鸣声中，一张张雪白的印钞纸被"吞"进机器，随后带有清香的彩色油墨被均匀地喷涂在纸张表面。很快，纸上便出现了钱币的图案和数字编码。你知道吗？每一张钞票都有专属的数字编码，就像我们每个人都有身份证号一样。

必不可少的防伪工序——凹印

当我们用手去触摸钞票时，可以感觉到明显的凸起感，这是因为许多国家印制的钞票都会经过一道特殊的工序——凹印！凹印成本很高，造假者很难仿制，因此凹印成为钞票重要的防伪手段之一。在印钞界，还一度流传着"无凹不成钞"的说法呢！

出厂前的严格质检

在完成胶印、凹印等工序后，每一张报纸大小的钞票纸都会被送到质检人员的手中。质检人员会对照手里的样张，用放大镜仔细检查钞票的每一个角落，并在明亮的灯光下对新出厂的"产品"进行严格的质量检查，以确保没有出现缺印、错印、倒印等问题。

给钞票质检真是细活儿……

重要的最后一步

质量合格的钞票纸会被送入检封车间。在这里，流水线上的机器会将大张的钞票纸均匀地裁剪成小张，然后进行捆扎和封装。经过大约一个月的时间，白色的印钞纸就变成了我们日常生活中使用的钞票。

好羡慕每天在"钱堆儿"里工作的人！

在工作人员的眼里，这些钞票只是"产品"！

世界上有哪些货币？

别着急，先去兑换一些外币！

出国旅行啦！

世界上有多少种货币？

目前，世界上大约有 170 种货币，比较常见的有人民币、美元、欧元、日元、英镑（bàng）、卢布等。值得一提的是，并非每个国家都有自己的货币，比如厄（è）瓜多尔的官方流通货币就是美元；也不是每个国家都只有一种货币，比如中国现有 4 种货币，分别是人民币、港币、澳门币和新台币。

欧盟国家都用同一种货币吗？

欧盟，是"欧洲联盟"的简称，这是一个在欧洲共同体基础上发展而来的组织，目前有 27 个成员国，包括奥地利、比利时、德国、希腊、法国、芬兰、意大利、捷克等。欧元是欧盟发行的单一货币，于 1999 年 1 月 1 日正式启用。然而在欧盟成员国中，并不是所有国家都使用欧元，也有一些国家使用本国的货币，比如丹麦使用丹麦克朗，瑞典使用瑞典克朗……

这是丹麦克朗！

这是欧元！

最"值钱"的和最"不值钱"的

你知道吗？目前世界上最"值钱"的货币既不是美元，也不是欧元，而是科威特第纳尔。位于亚洲西部的科威特国有着丰富的石油和天然气资源，流通和使用自己的货币——科威特第纳尔。按照 2024 年 8 月的汇率计算，1 科威特第纳尔大约能换到人民币 23 元！

与科威特第纳尔相反，津巴布韦元可能是世界上最"不值钱"的货币了。在历史上，它的最大面值为 100 万亿！不过，这种印有天文数字的货币早已不在市场上流通了。

汇率是由什么决定的？

汇率，就是一个国家的货币兑换其他国家的货币的比例。比如在 2023 年的某一时间，1 美元大约可以换 7 元人民币，1 元人民币大约可以换 20 日元，1 日元大约可以换 9 韩元。汇率是不固定的，区域冲突、突发事件、通货膨胀、国家政策等都会对它产生影响。如果汇率在短期内发生剧烈波动，可能会破坏金融市场的稳定性，进而带来席卷全球的金融危机。

为什么要把钱存在银行里？

你知道为什么要把钱存在银行里吗？

放在家里怕被偷……

"月光族"的悲哀啊！

平时别乱挥霍就不悲哀啦！

存钱有什么用？

存钱，是一种好习惯，它不仅可以帮助我们积累财富，更能培养我们的自律和规划能力。通过存钱，我们可以理性消费，避免无节制的消费，让生活更加有目标性和计划性。此外，存钱也可以应对生活中的突发事件，满足未来生活的需求，让我们更加自由地选择自己想要的生活方式，提升生活品质，去做那些更有意义的事……

放在哪儿最安全呢？

存银行啊！

人们为什么愿意把钱存在银行里？

当我们手里的钱越来越多时，就需要找个安全的地方把它们放起来。这个时候，银行便是很好的选择。一方面，银行存款"安全""稳健"，我们只需要选择合适的存款方式——活期存款或者定期存款，就可以安心地把钱交给银行保管了；另一方面，银行还会根据存款的时长和金额给我们支付利息。我们存在银行里的钱叫本金，去除本金后，银行额外支付给我们的钱就是利息。

活期存款和定期存款有什么区别？

　　活期存款和定期存款最大的区别在于"期"的灵活性。活期存款可以随时取用，而定期存款则设有锁定期。如果你选择定期存款，银行会提前和你约定好取款的期限，到期你才能凭存单拿到本金和利息。虽然定期存款的利息比活期存款更高，但提前取出需要支付一定的费用或扣除部分利息。因此在存入银行之前，需要提前规划好资金的用途。

银行

我都存了定期……

借我点儿钱呗！

你比我富有，还问我借？

毫无意义的攀比消费

　　当你看到朋友们购买漂亮的衣服、最新款球鞋或限量版玩具时，内心难免会产生攀比的冲动。但真正的成熟，是懂得拒绝把钱花在毫无意义的攀比上。这种消费不仅浪费了金钱，而且往往无法带来真正的满足感和成就感。攀比只会让你陷入无休止的欲望中，而无法真正享受生活的美好。

钱　钱

攀比

存到银行的钱去哪儿了？

创造价值去啦！

银行里的钱去哪儿了？

存到银行里的钱会去哪儿？

我国的银行有很多种类，比如商业银行、投资银行等。通常我们会把钱存到商业银行里。商业银行收到我们的存款后，会先拿出一部分钱交给中国人民银行作为存款准备金，这是为了确保银行有足够的钱给想取钱的人。剩余的钱也不会"躺"在银行里，而是会被用来发挥价值，比如借给需要的个人、企业、其他的银行，或者投资国债、地方政府债券、企业债券等比较安全的产品等。

银行会倒闭吗？

在我国，银行倒闭破产是被允许的，但这种情况并不常见。如果某家银行在投资中遭遇了巨大的亏损，无法满足人们的取款需求，就有可能面临倒闭。对于存款人来说，这无疑是一个令人担忧的消息。但是，根据我国法律的规定，如果银行倒闭，储户存款低于 50 万元的部分将会得到全额赔偿。而对于超过 50 万元的部分，将根据银行剩余财产的清算、评估和处理情况进行赔偿。虽然这个过程复杂且耗时长，但请相信，我们的政府和法律会尽最大的努力来保护每一位储户的利益。

借记卡和信用卡有什么不同?

借记卡也称储蓄卡,它具有转账、存取现金和消费等功能。你可以用它刷卡买东西,不过在这之前你得往里面存钱。你存了多少钱,就能花多少钱。

信用卡也称贷(dài)记卡,它就像一个与银行相连的"钱包",银行会给你设定每个月的消费上限,即授信额度。使用信用卡消费时,银行会先帮你垫付。随后,银行会每个月给你推送消费账单,你按账单金额还款就可以了。虽然信用卡使用起来很便捷,但对于缺乏自制力的人来说,也潜藏着巨大的透支风险哦!

你给我存了多少钱,就能花多少钱。

用我可以先消费,后还款!

借记卡

信用卡

金融机构的大管家

中央银行是国家最重要的金融中心,它就像一个大管家,发挥着发行货币、经营管理国库、监督管理金融市场、维护国际收支平衡等重要职能。很多国家都设有中央银行,比如中国的中国人民银行,俄罗斯的俄罗斯银行,德国的德意志联邦银行,法国的法兰西银行……

行

钱

残损废弃的纸币都去了哪儿？

废弃货币回收！

你这是违法行为！

我的钱被狗狗咬掉一角！

快去银行换张新的！

以旧换新

如果你的纸币不小心被撕烂，或变得破旧不堪，不用担心，快拿着它去找银行。在我国，有存取款业务的银行都会无偿为人们更换破损的纸币。不过，如果纸币破损程度超过二分之一，或者被污染、磨损得无法区分真伪，银行也可能会拒绝兑换哦！

直接焚烧

在我国，各商业银行会将不宜再继续流通使用的纸币收集整理后，交给中国人民银行进行集中销毁处理。而在 20 世纪 80 年代之前，处理废弃纸币的基本办法就是直接焚（fén）烧。为了防止不法分子打坏主意，在焚烧废弃纸币时，会有专门的工作人员全程监督，确保每一张废弃纸币彻底化为灰烬（jìn）。

变成白纸

现在，一部分废弃的纸币会被用于造纸。由于纸币的主要原料是棉花，因此它比一般的纸张更加结实耐用，吸水性也更好，非常适合用于制作生活用纸。经过粉碎、脱墨、蒸煮、漂白等多道工序的处理，废弃的纸币就能重新变回造纸的原料——纸浆！

"烧钱"发电

我们听说过水力发电、风力发电、太阳能发电……但是你听说过烧钱发电吗？近年来，一些废弃的纸币经过深度破碎处理后，成为很好的固体燃料，并被用于生物质能发电。据说，1吨残损币废料可以发电660度呢！当然，剩下的灰烬也不会被浪费掉，它们可以成为制作砖头的好原料。另外，生物质能是一种可再生能源，生物质能发电比传统的发电技术更加环保哦！

烧钱发电？太奢侈了吧？

废弃的纸币已经失去了流通价值！

💡 **你知道吗？**

随着时间的流逝，一些旧货币也会变成珍贵的收藏品，拥有极高的文化和历史价值。尤其是那些发行年代较为久远的、存世量稀少且保存相对完好的货币，更是倍受收藏家们关注。

怎样看待金钱？

我要做金钱的主人！

等你赚到钱再说这话吧！

金钱能折射每个人的内心世界

金钱就像一面镜子，能折射每个人的内心世界和价值观。

有些人视金钱为实现梦想的阶梯；

有些人用金钱构筑内心的安全感；

有些人将财富积累视为人生成功的象征；

有些人更倾向于将金钱用于享受生活的点滴；

有些人愿意用金钱播撒爱意，无私奉献；

还有些人为了金钱不择手段，甚至舍弃了良知……

深入思考金钱的意义，也是在深入思考什么才是人生的价值。

黄金

能帮我实现梦想！

能给我带来安全感！

能让我享受生活！

能代表我成功！

能让我帮助他人！

好像……偷走了我的良知。

不做吝啬鬼

虽然节约是一种美德，但过度的节约可能会让人变得吝（lìn）啬（sè）。比如每次与朋友外出吃饭，都找各种借口逃避付款，让朋友买单；为了节约而总是借用别人的物品，自己却舍不得购买……久而久之，朋友们就会渐渐疏远你。

学会以合理的方式节省开支，同时在必要的场合合理地花费，这样你才能成为金钱的主人，而不是被金钱控制的奴隶。

为什么同学们都不爱和我玩了？

每次和他吃饭，他都说忘记带钱了！

他从来不买钢笔，天天借我的！

你知道吗？

省钱并不是要过分节俭或者降低生活质量，而是要在合理消费的基础上，选择适合自己的消费方式和生活方式，避免不必要的开销。

钱要花在哪里？

永远不要吝啬在学习上的金钱投入，因为装在脑袋里的知识将是你一辈子的宝贵财富。

保持健康很重要哦！用零花钱买一双篮球鞋，或者办一张游泳卡，都有助于身心健康。

追求你的兴趣和爱好，让生活更加丰富多彩。如果你对画画感兴趣，那就用零花钱买一些画笔和颜料吧！它们带给你的快乐和满足感，远超过它们本身的价格。

家人和朋友是你生命中最重要的人，在他们人生的重要时刻，送上一份小礼物或一束鲜花，会让你们的关系更加亲密。

当然啦，有时候你也需要犒（kào）劳一下自己。如果这段时间你很辛苦，不妨用零花钱给自己买一个小礼物作为奖励吧！

学习　兴趣　家庭　自我提升
教育　健康　爱好　社交　自我犒劳

怎样打理自己的零花钱？

我的钱都不见啦!

少买点儿吧!

学会存钱很重要

我知道你想买很多东西，但不要随随便便就把钱花出去！把你的压岁钱和零花钱好好保管起来吧，毕竟"九层之台，起于累土"，想要拥有更多的财富，就得先学会积少成多，把那些不必花的钱节省下来。当然，如果爸爸妈妈同意，你可以把自己的钱存在银行里……要想学习理财，就从拥有自己的第一个银行账户开始吧！

11月5日:
买百科全书花了40元

11月10日:
给小美买生日礼物花了25元

11月18日:
买画笔花了17元

你会记账吗？

记账可是个好习惯！你可以准备一个小本子，把自己花的每一笔钱都记在上面，比如在某年某月某日，你花了多少元买了一本书，或者给朋友买了一份生日礼物……有了记账本，你就可以清楚地知道自己的钱都花在了什么地方，也能顺便了解自己的爱好、花钱习惯甚至是金钱观。别忘了每隔一段时间就做个总结，给自己一些建议，比如除必需品外，不要随便买超过一定金额的东西，或控制每天的开支。

让自己的零花钱"动"起来!

你听说过"你不理财,财不理你"吗?那些闲置的零花钱和压岁钱如果只是"躺"在你的存钱罐或钱包里,永远不会增值,所以得想办法让它们"动"起来!你可以请爸爸妈妈帮你买一份合适的理财产品,或者干脆把它们变成定期存款,等到有需要的时候再取出来。做慈善不是大富豪的特权,当有人需要帮助时,你可以慷慨解囊(náng),献出你的爱心,比如为灾区捐款或救助生病的同学。

朋友向你借钱,要不要借?

你要先了解对方借钱的原因。如果对方确实有困难,并且你手头也有足够的零花钱,可以考虑提供帮助。

评估对方的信用和偿还能力。如果对方有多次借钱不还的历史,最好还是委婉拒绝。

如果你决定借钱给对方,务必与朋友商定明确的借款细节,包括借款金额、还款期限等重要信息。

当对方的借款数额超出你日常可支配零花钱的范围时,务必先征求父母的意见,以避免潜在的风险。

对于较大数额的借款,最好和朋友签订一份借款字据,以备出现争议时有据可查。

如果不想借钱给对方,你有权利拒绝,不过最好找一个合适的理由。

好朋友向我借100元钱,我要不要借呢?

能不能借我100元钱?等妈妈出差回来我就还给你!

100元可不是个小数目,你应该征求父母的意见才对……

是什么决定了商品的价格？

我值多少钱？

世间仅此一件，你是无价之宝！

什么是价格？

价格，就是一串数字，它告诉我们商品值多少钱，也就是我们为了拥有它而需要花费的货币数量。这个数字很重要，因为它决定了买卖双方的交易能否成功。如果我们想知道自己能不能买得起某样东西，看看价格就知道了。同样，卖家能通过价格了解自己的商品和服务是否受欢迎。

你这手镯多少钱？

你想用多少钱买？

你不标价我怎么知道……

便宜啦！

便宜啦！

东西越少，价格越高吗？

俗话说，"物以稀为贵"。一般情况下，当某种物品供应量小而需求量大时，它的价格就高；反之，若物品供应量大而需求不足，它的价格就低。在 19 世纪初，铝的提炼技术尚未成熟，导致其稀缺程度一度超过黄金，因此铝的价格异常昂贵。当时，拿破仑为了展示自己尊贵的身份和地位，在宴请宾客时特意选用铝制餐具，而让宾客使用银器。今天，铝已经成为一种常见金属，它的价格也变得十分亲民。

上周还1元钱，今天怎么就涨到3元啦！

阿姨，最近黄瓜越来越少哦！

黄瓜
3元/斤

成本高，所以卖得贵

为什么有些东西即使打了折，还是很贵呢？这主要源于商品在制造和销售过程中所产生的费用高，也就是成本高。比如在家具制造厂里，生产家具的成本不仅包括购买原材料、辅助材料、燃料的钱，还有工人的工资、机器的维修费、产品的运输费、租用场地的租金……只有商品的价格高于成本时，每卖出一件商品，商人才能赚到钱。

同样是牛皮材质，为什么价格差这么多？

这个贵的是纯手工打造，人工成本高啊！

中间商越多，价格越高

商品的价格并不是固定的。即使是完全一样的商品，在销售过程中也会产生不同的价格。有些人不生产商品，却通过从工厂购买并将它们转售给更多的顾客来获利，这些人被称为"中间商"。由于每个中间商都需要挣钱盈利，所以一件商品经手的中间商越多，商品的价格就越高。为什么有时候从网上买东西比较划算呢？这是因为工厂直接把商品送到了消费者的手中，没有中间商赚差价呀！

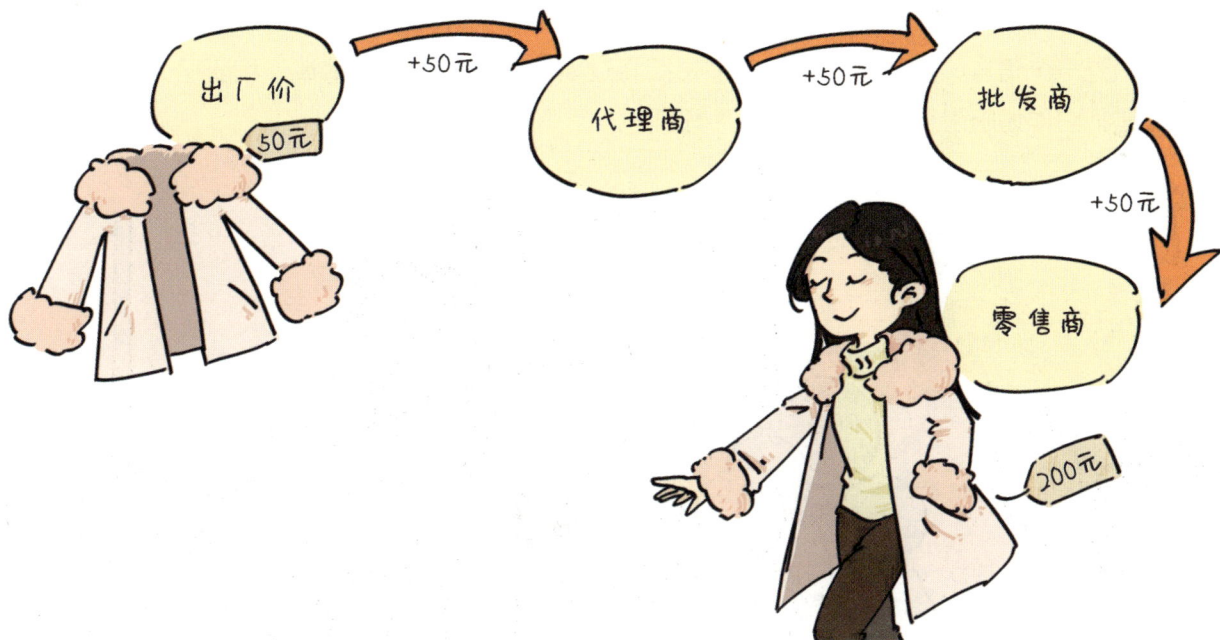

出厂价 50元 +50元 → 代理商 +50元 → 批发商 +50元 → 零售商 200元

打折的东西就一定便宜吗？

咦？我兜里的钱呢？

看看这一堆打折的东西吧！

这个包 5 折抢的，才 499 元！

我记得它平时才卖 399 元啊！

折后的价格，有时比原价还高

很多人误以为，只要赶上促销活动，就可以买到物美价廉的商品，但事实并非如此。有些不良商家会利用消费者的这种心理，在特价促销之前先悄悄提高商品价格，然后再进行打折。最终，消费者买到的商品价格比原价还要高！

"清仓大甩卖"有可能是个"套路"

"破产关门，清仓甩卖！"

"最后一天，一件不留！"

……

听到这样的叫卖声你是否会心动呢？然而，很快你就会发现，所谓的"清仓大甩卖"往往只是一个谎言。其中大多数的商品是即将过期的、品质不合格的或者积压已久的。商人只是把它作为吸引顾客上门的一种手段而已。

最后一天啦，一件不留，给钱就卖……

"最后一天"已经喊半年了，你也信！

捡到大便宜了！

破产关门 清仓甩卖

一次买两个，真的实惠吗？

在水果店看到"新鲜草莓，第二箱半价"的诱人宣传时，你是否会冲动地购买两箱？尽管这很吸引人，但理智告诉我们，应当先考虑实际需求。草莓虽美味，但你确定能吃下这么多吗？若因贪便宜而买那么多，最终变质丢弃，是不是就更不划算了呢？记住，理性消费才是真正的节约之道。

第二箱半价

天上不会掉馅饼

近年来，许多商家推出了各种"邀请朋友关注店铺"或"注册会员"的活动，以此为诱饵（ěr）来吸引消费者。通常，这些活动都伴随着发放所谓的"红包"或折扣券作为奖励。然而，当你无论邀请多少新用户，都无法达到商家设定的兑换门槛（kǎn）时，就会发现自己被欺骗了。事实上，这种营销策略已成为网络购物中常见的"套路"之一，商家以此为手段，用极小的投入获取巨大的曝（bào）光量，从而实现店铺和产品的推广。因此当你遇到类似活动时，务必要保持清醒的头脑，理性消费，避免被商家的"空手套白狼"手段蒙蔽（bì）。

红包

折扣券

无良商家

红包

红包

吃自助餐真的划算吗？

自助餐厅的老板能赚到钱吗？

当你吃自助餐时，会去思考怎样才能"吃回本儿"吗？尽管你提前搜集了一大堆攻略，精心设计吃饭的流程，研究各种食物的搭配，最终仍旧无法"吃回本儿"！其实，自助餐厅老板早已把自己的"生钱之道"暗藏在自助餐经营的每一个环节中了，从采购食材开始，他就在想方设法地节约成本……

你为什么一整天不吃饭？

明天吃自助餐，肚子得留点儿空呢……

这个月自助餐厅又挣10万元！

2,000

31.7

5,78

6

100

2,000

我遇到对手了！

控制成本是一门高深的学问

　　自助餐厅之所以受到欢迎，是因为人们可以花固定的钱品尝各种美食，比如冰激凌、蛋糕、海鲜、水果、蔬菜、肉……为了控制成本，自助餐厅会通过大量采购的方式压低食材的采购价格。除此之外，你会发现很多自助餐厅供应的往往是冷冻产品，虽然口感稍逊于新鲜食材，但成本更低。对于那些比较贵的食材，自助餐厅通常会选择限量供应的形式，比如规定每位顾客只能吃一份牛排。

遇上"大胃王"怎么办?

　　当然，自助餐厅可能也会遇上特别能吃的"大胃王"，他们会跨过自助餐厅设置的各种门槛，在有限的时间内吃掉许许多多的食物。然而，这些人毕竟只是少数，只要自助餐厅的客人源源不断，他们造成的"损失"很快就会被抵消，自助餐厅依然能够赚到钱。千万要记住，吃饱、吃好才是你去自助餐厅吃饭的目的，暴饮暴食只会伤害自己的身体!

本大胃王就有"吃回本儿"的本事!

明天的钱可以随便花吗？

借我钱，我没钱吃饭了……

谁让你昨天把钱都花光了！

还钱！ 还钱！ 还钱！ 还钱！ 还钱！ 还钱！ 还钱！

什么是超前消费？

如果你一天只能赚 100 元，而吃饱饭要花 50 元，买一只新款手表要花 500 元，那么当我们为了和别人攀比而选择贷款购买新款手表时，就掉进了超前消费的旋（xuán）涡（wō）中。超前消费就是花明天的钱去买今天的东西，这往往使我们忽视自己真实的收入水平，忘记金钱背后所需要为之付出的时间和劳动。当然，如果你能理智地预估未来收入并作出合理规划，提前消费也未尝不可。这就需要你确保财务稳定，按期偿还贷款，并充分考虑实际需求和状况，避免盲目追求虚荣。

分期付款，花得更多

你了解分期付款吗？在购买一些较为昂贵的物品时，一些人会选择使用各种购物平台的分期付款功能，将原本需一次性付清的款项拆分为多次支付。例如，购买一部 2000 元的手机，你可以选择每月支付 200 元和一部分利息，直至 10 个月后还清本金以及所有利息。想必你也看出来了，商家和银行积极推荐分期付款的原因，自然是他们能获得更多的收益。

当初标价只有 2000 元，怎么还完所有分期需要支付 2500 元呢？

商家不会白白让你分期付款啊！

信用卡是怎样诞生的？

据说，信用卡最早出现在 20 世纪 50 年代的美国。当时，有一个名叫弗兰克的商人在餐厅用完餐后，发现忘带钱包了，最后不得不难堪地打电话请妻子送来现金结账。这段经历让他萌生了一个大胆的想法：为什么不能让人们先享受服务再付账呢？于是，他创立了"大莱俱乐部"，俱乐部会员可以凭一种塑料卡片证明自己的身份，然后在指定的餐厅记账消费，这就是最早的信用卡。

给我送点儿钱来吧，我忘记带了！

大莱俱乐部

我要让人们先享受服务后付账！

"以卡养卡"行得通吗？

为了追求虚荣，一些人大量办理信用卡并频繁借贷，无节制地透支未来的收入。等到月底，他们发现自己的收入根本还不上自己花掉的钱，就会陷入"拆东墙，补西墙"的恶性循环中，于是不得不从第二张卡中借钱去还第一张卡的欠款，再用从第三张卡中借钱去还第二张卡的欠款……债（zhài）务像滚雪球一样越滚越大。长此以往，他们的财务状况只会越来越糟糕！

欠条

欠条

欠条

欠条

欠条

欠条

"消费主义"给我们挖了多少坑？

听说，大明星喜欢吃这种土豆！

这就是个普通的土豆……

什么是"消费主义"？

消费主义，就是把花钱买东西当作人生的终极追求。花钱，并不是一件坏事，但如果成了"消费主义"的俘虏（lǔ），就可能会被自己日益膨胀的消费欲望裹挟（xié），成为金钱的奴隶。

别人买过的，我哪怕吃上一个月方便面，也要买；别人有的，我哪怕刷爆无数张信用卡，也要有。当一个个购物袋被打上"幸福"的标签，消费似乎成了通往幸福生活的唯一途径。然而，幸福真的可以用金钱购买吗？

买商标，还是买商品？

法国社会学家鲍德里亚说："今天的消费社会中，人们从来不消费物的本身，人们总是把物用来当作能够突出自我的符号。"这种现象在当下尤为显著。许多人会通过一个人的穿衣打扮，来选择对待他的态度，因此有些人宁可背负沉重的债务，也要花费远超过物品实际价值的金钱来购买奢侈品，以展示自己"与众不同"的身份、地位、财富或者品位。然而，这种消费观念可能导致过度追求表面的符号价值，而忽略了物品的实际用途和价值。

不买，就不快乐！

买买买！

别人有的，我也要有。

花钱买东西就是幸福！

贵族 优雅 有个性 帅哥 艺术家 富人

74

东西卖得越贵，你越买？

有一种经济理论叫"凡勃伦效应"，说的是商品价格定得越高，越能得到消费者的青睐（lài）。有调查显示，2022 年，中国人奢侈品市场销售额最终实现 9560 亿元，在全球奢侈品市场中占比高达 38%！为什么有人愿意为动辄（zhé）上万元的商品买单呢？原因很简单，这些稀少的、昂贵的、大牌明星也在使用的商品，击中了他们的炫耀性消费心理。

需求量

我们需要物美价廉的商品！

什么也阻挡不了我们消费！

价格

奢侈品是怎样让自己看上去很"贵"的？

比起普通物品的"值"，奢侈品牌更关心自己是否显得很贵。这些品牌会提高商品价格，故意制造苛刻的购物门槛（kǎn），以此来满足消费者想要高人一等的心理；这些品牌还会设计并使用一个简洁而明显的商标，让人们很快就能识别出来；最重要的一点是，所有的商品都是限量供应的，这是为了长久地保护消费者的优越感。

你花了多少钱？

50000

大牌

50 元。

通货为什么会"膨胀"？

通货就是流通中的货币吗？

从广义角度来说，通货指的是在流通领域中充当流通手段或支付手段的货币形式，比如纸币、硬币、支票、银行本票等。而从狭义角度来说，通货特指各个国家发行的法定货币，比如美国的美元、英国的英镑、日本的日元……

在国际金融市场上，根据货币购买商品的能力，通货可以被分成两种：软通货和硬通货。软通货是指容易大幅升值或贬值的货币，比如津巴布韦元、卢比等；硬通货的币值则相对稳定，比如美元、欧元等。

你的钱只够买半棵。

我想买一棵白菜。

通货是怎样"膨胀"的？

当纸币的发行量超过商品流通实际所需时，就会引发通货膨胀，导致货币贬值、物价上涨。历史上，津巴布韦曾因政局动荡、疫情、饥荒和经济危机等种种原因，遭遇过严重的通货膨胀。21世纪初，随着津巴布韦元不断贬值，津巴布韦出现了纸币短缺的现象，当时想取钱的人大排长龙，但100万亿元也只够买一瓶可乐！这种情况直接导致很多津巴布韦人对本国货币失去了信心，转而使用美元。

通货膨胀会引起物价上涨

目前，世界上有多个国家都在经历严重的通货膨胀。比如，2023 年 12 月，由于阿根廷施行经济新政，其本国货币比索的官方汇率贬值超过 50%，这使得价格本就居高不下的食物变得更加昂贵，导致阿根廷人的生活成本迅速上涨。事实上，通货膨胀必然会引起物价上涨，只不过，有时物价上涨得慢，我们很难立刻察觉到而已。

💡 你知道吗？

你听说过通货紧缩吗？它指的是国家纸币的发行量小于流通中所需要的货币量，引起物价下跌的现象。

通货紧缩和通货膨胀一样，都会造成经济衰退、失业率上升、人民生活水平下降……

把钱拉到后院吧！

我买一袋大米。

不用现金的时代有多便捷？

你干吗拆手机？

我要看看它里面到底藏了多少钱！

生活处处是"移动支付"

"移动支付"已与我们的日常生活密不可分。去市场买菜时，我们只需要用手机扫一下商家的二维码，就能支付菜金；在网上买衣服时，我们只需要输入付款密码，就可以坐等快递员送货上门；在超市结算商品时，通过"刷脸"或"扫码"，我们就可以迅速付账，不必等待收银员找零……移动支付的方式使人们购物时无需携带现金或银行卡，大大提高了交易的安全性，让我们的生活更加便捷和高效。

手指动一动，就能全球购

在唐朝，生活在长安城的杨贵妃想吃荔枝，唐玄宗需要命人快马加鞭狂奔几天几夜，才能将岭南的荔枝运送到长安，递到杨贵妃手里。如今，你只需在手机或电脑上一键下单，就能在很短的时间内尝到新鲜的荔枝了。这正是科技进步和移动支付为我们带来的便利。不仅如此，移动支付还让我们能够轻松地购买来自世界各地的商品，无论是食物、服饰、家居用品，还是电器、珠宝和汽车……只要心有所想，指尖轻触即可拥有。

唐朝的杨贵妃也会羡慕我吧！

手机变身"万能通行证"

过去，人们乘坐公交车需要投币或刷卡，乘坐地铁需要排队购票，而乘坐出租车也要提前准备一些零钱……但现在，随着移动支付的普及，手机已经成为"万能通行证"。无论是乘坐公交车、地铁还是出租车，只需用手机扫一下二维码，就可以轻松出行了。

再举高一点儿……

安全隐患要提防

移动支付让人们省去了看管现金的麻烦。过去，带着大额现金出门总是让人提心吊胆，而现在，只要紧握手机，一切都可以轻松搞定。然而，移动支付也带来了一些安全隐患。不法分子通过各种网络诈骗手段骗取我们的财产，比如冒充朋友借钱救急、假借优惠活动骗人点击恶意链接……总之，我们要时刻保持警惕，谨防上当受骗。

我只告诉你一个人哦！

点击这个链接交话费

充10元，抵100元！

为什么有人靠炒股赚钱？

我也想炒股赚钱！

等你长大了再说吧……

什么是炒股？

炒股就是买卖股票的行为，而股票就是表示股份的有价证券。如果一个人买了某家公司的股票，他就成了这家公司的股东。当公司赚钱时，股东们就会根据自己购买的股票份额获得相应的利润。但需要注意的是，投资股票存在亏损风险。购买股票时，人们需要了解公司的经营状况和市场趋势，以便作出明智的投资决策。

为什么股市有时会崩盘？

当股市中出现了大量被抛售却无人购买的股票时，股价就会持续下跌，不知道什么时候才能停止，这个时候股市就会遭遇崩盘危机。当然，导致股市崩盘的原因有很多，比如被严重高估的股价、全球性经济衰退、上市公司经营不善、突发的重大事件等。这些情况都有可能导致证券市场无法正常运行，股民大规模抛售手中的股票。

"牛市"和"熊市"

　　"牛市"和"熊市"是股票市场的两种不同趋势，分别代表着市场的利好状态和下行状态。"牛市"表示股价普遍上涨，且这种上涨的趋势会持续较长时间。在"牛市"中，一般投资者往往可以获得较高的回报。"熊市"则表示股价普遍下跌，且这种趋势也会持续较长时间。在"熊市"中，一般投资者可能会面临不同程度的亏损。

高风险的理财

　　炒股是高风险的理财方式，我们之所以要提前知晓一些关于炒股的知识，不是为了追求一夜暴富，而是为了更好地了解社会和经济状况，培养自己创造和管理财富的能力，知道什么是量入为出。

💡 你知道吗？

　　17世纪初，荷兰东印度公司发行了世界上第一只股票。当时，很多从事海上贸易的船队会在途中遭遇海难、海盗的劫掠及其他国家的袭击等，从而赔得血本无归。不过，一旦船队安全返航，收获的利润也十分丰厚。为了降低风险，荷兰东印度公司在每一次出海前都会向公众集资，并在货船归来后，按每个人的出资比例分配所得的利润。

为什么巴菲特能成为"股神"？

我要把鸡蛋放在同一个篮子里！

你多向巴菲特学学吧！

巴菲特为什么被称为"股神"？

在 60 多年的投资生涯里，巴菲特几乎每年都能保持 20% 以上的年化收益率，并且帮助投资人获得超过 3.6 万倍的回报 —— 这堪称奇迹。因此巴菲特被人们称为"股神"，他的一言一行都会对股市产生巨大的影响。

不过，想要成为"股神"可没有那么容易。在巴菲特 6 岁的时候，他就已经开始做生意了……

从小展露的商业智慧

巴菲特出生于充满商业氛围的家庭，这使得他从小就对赚钱产生了浓厚的兴趣。早在 6 岁的时候，巴菲特就已经开始用自己的零花钱从杂货店购买整箱汽水，再一瓶一瓶地加价卖给过路的人，来赚取其中的差价。这仅仅是他商业智慧的冰山一角。他会细心地收集路边被丢弃的汽水瓶盖，通过统计瓶盖的数量，去了解人们最近爱喝什么品牌、什么口味的汽水。这段童年经历无疑是宝贵的，它让巴菲特对金钱和财富有了不一样的认识和理解。

人们最近不太喜欢橘子味……

为投资大师的诞生铺路

17 岁时，巴菲特以优异的成绩考入了美国名校 —— 宾夕法尼亚大学。之后，为了能拜当时华尔街最著名的证券分析师 —— 本杰明·格雷厄（è）姆为师，他又考入同样著名的哥伦比亚大学。在格雷厄姆的精心指导下，巴菲特不仅掌握了扎实的专业知识，更形成了对投资理财的独到见解。这段求学经历为巴菲特日后在投资领域的卓越表现奠定了坚实基础。

我要去和巴菲特吃午餐！

你要去哪里？

和巴菲特共进午餐有多难？

从 2000 年到 2022 年，巴菲特几乎每年都会举办一次特殊的拍卖，成功拍下的人可以和他共进一顿午餐，面对面地向他请教问题。为此，很多人不惜花费重金。最后一次拍卖的成交价格甚至高达 1900 余万美金！

财经

为什么要拿出工资的一部分缴纳税款？

我今天在跳蚤市场赚了5元钱，算算要纳多少税！

这点儿钱离起征点还远着呢……

每个人都要缴税吗？

根据我国法律规定，每个满足纳税条件的公民都要缴（jiǎo）纳个人所得税。所谓个人所得，就是我们的收入来源，比如工资、奖金、分红、补贴、专利费等。个人所得税是国家用来调节收入分配、缩小贫富差距、增加财政收入的重要工具。目前，我国的个人所得税起征点是每月5000元，也就是说，只有月收入超过5000元的人，才需要根据税率缴纳个人所得税。而且，收入越高，需要缴纳的税款也越多哦！

我每个月只要扣100元个人所得税！

不公平，为什么我每个月要扣1000元个人所得税！

因为你的工资高啊！

人们都要缴纳哪些税款？

截至2023年，我国现行在征的税种有18种，包括增值税、消费税、企业所得税、个人所得税、资源税、城市维护建设税、印花税、城镇土地使用税、环境保护税、关税等。消费税是最常见的一种，不过很多人因为"消费"二字，误以为只要买东西就得缴税。其实消费税并非人人都要缴纳的税种，我国只会对一些特定的消费品，比如烟、酒、化妆品、汽车等征收消费税。

基础设施建设

环境保护

生态建设

社会保障

社会福利

国防建设

个人所得税

税款去哪里了？

在我国，税收的本质是"取之于民、用之于民、造福于民"。我们依法缴纳的税款会被用于基础设施建设、环境保护、生态建设、社会保障、社会福利、国防建设等关乎国家发展和民生福祉（zhǐ）的重要方面。通过纳税，我们可以为国家的繁荣和人民的幸福作出贡献，同时享受国家发展带来的各种福利。

💡 你知道吗？

在美国的加利福尼亚州，有一个叫外尼密的海滨小镇，当地规定凡是住宅面向海岸、可以眺望沙滩和大海的，每年每户都需要向政府缴纳66~184美元不等的"风景税"。并且，由于外尼密镇的面积非常小，应当缴纳"风景税"的人群实际上覆盖了小镇60%以上的居民。

85

为什么要远离高利贷?

无抵押贷款

小心，是骗子！

贷

高利贷

救命！

高利贷有多危险?

高利贷是指以高额利息为特征的借贷行为。一些不法分子打着"低息贷款"或"无抵押贷款"的幌（huǎng）子，引诱急需资金的人向他们借款。然后，他们通过伪造借款证明、制造违约证明、销毁还款证据、暴力威胁等非法手段，迫使借款人支付巨额利息，甚至侵占借款人的财产。一旦陷入高利贷的陷阱，利息会像滚雪球一样越滚越多，让人无法偿还。

"校园贷"可能是一场骗局

在校园中，一些学生为了追求名牌、过度消费，在生活费无法满足自己的需求时，便会受到不法分子的诱惑，掉入"校园贷"的陷阱。由于没有稳定的收入来源，这些学生很难按照预期的计划偿还债务。为了填补欠款，他们不得不选择"以贷养贷"，即通过其他贷款来弥补未还的贷款。不法分子还会通过逼迫和威胁等手段，迫使学生支付巨额利息或归还更多款项。最终导致借贷学生的债务越积越多，陷入还款的困境里。

非法"校园贷"可能会摧毁你的人生

非法"校园贷"背后往往隐藏着一个犯罪团伙，他们的目的可远不止让学生还钱这么简单。有时，他们会欺骗学生，声称只要拍摄一组私密照片，就可以无抵押获得大笔借款。然而，当学生发送照片后，他们就会立即变脸，威胁学生要在极短的时间内归还更多的钱，否则就将照片在网络上传播。如果学生无能力偿还，不法分子甚至会逼迫学生从事犯罪活动，一步步将他们推向深渊，直至毁掉学生的前途和人生。

💡 你知道吗？

我国法律规定，年利率超过36%的民间借贷是不受法律保护的，尤其是那些涉嫌违法犯罪的高利贷行为。如果你发现自己陷入了非法的"校园贷"陷阱，千万不要感到孤立无助，要第一时间告诉父母事情的经过，留存好相关证据，并在他们的陪同下报警，向警方寻求帮助。